数字微流控技术及应用

杨朝勇 阮庆宇 等 著

科 学 出 版 社

北 京

内 容 简 介

本书从微流控领域的前沿出发，介绍了目前颇受关注且应用广泛的数字微流控技术，主要包括数字微流控技术简介、数字微流控液滴驱动理论、数字微流控芯片的加工工艺、数字微流控硬件控制系统和数字微流控技术的应用等内容。编写过程中，力求做到内容的系统性、科学性、先进性、新颖性和实用性，在讲述经典理论和方法的同时，注重介绍各种方法的应用实例。

本书可供从事数字微流控芯片研究和应用的科研人员、高校师生阅读，也可供企业工程技术和设计人员参考。

图书在版编目（CIP）数据

数字微流控技术及应用/杨朝勇等著. —北京：科学出版社，2020.6

ISBN 978-7-03-065169-3

Ⅰ. ①数… Ⅱ. ①杨… Ⅲ. ①数字控制-研究 Ⅳ. ①TP273

中国版本图书馆 CIP 数据核字(2020)第 090158 号

责任编辑：李明楠 李丽娇 / 责任校对：杜子昂

责任印制：吴兆东 / 封面设计：蓝正设计

科学出版社 出版

北京东黄城根北街 16 号

邮政编码：100717

http://www.sciencep.com

北京中石油彩色印刷有限责任公司 印刷

科学出版社发行 各地新华书店经销

*

2020 年 6 月第 一 版 开本：720×1000 1/16

2021 年 1 月第二次印刷 印张：6 1/4

字数：126 000

定价：88.00 元

（如有印装质量问题，我社负责调换）

前　言

近 20 年来，微流控技术取得了显著的进展，为材料学、化学、生命科学、生物医学等领域的基础与应用研究提供了一个有利的分析平台。数字微流控技术作为一种新型微流控技术，是目前发展最为迅速的一种微流控驱动形式，具有极大的潜在应用价值。然而，现阶段缺少能够系统介绍该领域的书籍，给其进一步的普及和推广造成了一定的阻碍。

本书是针对数字微流控领域的科研人员和研究生而撰写的。考虑到本书作为一本数字微流控的入门书籍，在能提供数字微流控领域快速多变的最新知识的前提下，在保证其应有的基础性和系统性的同时，力求对当今研究重点与热点进行完整且突出的介绍。

本书共分 5 章，分别从数字微流控的历史、理论、工艺、控制系统进行了全方位的阐述，并分别对其在生物和化学方面的研究进行了细致的总结和展望。第 1 章介绍了数字微流控的起源和发展；第 2 章提供了数字微流控现阶段理论研究的汇总；第 3 章系统介绍了数字微流控芯片的加工工艺，是在作者团队多年工作的基础上进行的整理与总结；第 4 章涵盖了现有数字微流控的几种硬件控制体系；第 5 章介绍了数字微流控技术分别在生物和化学领域的应用，并对其未来的发展进行了展望。

数字微流控已经发展成为微流控领域一个极其重要的分支，吸引了越来越多的科研人员从事该领域的研究。撰写本书的目标是，向从事相关研究方向的研究人员介绍数字微流控的来龙去脉，并让更多的人了解数字微流控研究的意义和乐趣，希望能够推动其进一步普及应用。

在此，作者对在本书付梓出版准备过程中提供帮助的人员表达衷心的感谢。

感谢参与本书撰写和校稿的各位作者，包括阮庆宇、郭晶晶、王杨、张倩倩、邹芬香、林晓烨、杨健等。感谢科学出版社在本书出版过程中给予的帮助与支持。

本书作为数字微流控领域研究的整理与回顾之作，不足之处在所难免，希望读者不吝指正，以督促我们进一步提高。

杨朝勇

2020 年 5 月

目　　录

第 1 章　数字微流控技术简介

1.1　概　　述

1990 年，Manz 等[1]第一次提出了微全分析系统（miniaturized total analysis system，μ-TAS）的概念，即芯片实验室（lab on a chip，LOC），其旨在将常规实验所涉及的样品制备、反应、分离、检测等操作集成于一个微米级的芯片上，是一个由微电子与流体物理、分析化学、生物医学等学科相互交叉而萌生的新兴研究领域。在近二十余年的发展中，芯片实验室展示了微型化、集约化的优势，在生物医疗、药物筛选、食品安全、司法鉴定、化学检测、环境监测等方面具有巨大的应用前景。

微流控技术[2]作为微全分析系统中一个重要的支撑技术，是一种基于微尺度效应的流体操纵技术，其以微机电系统（micro electro mechanical systems，MEMS）技术为基础制备微流控芯片，并赋予单个芯片处理传统实验室复杂的人工操作的功能，实现了分析系统的小型化、集成化、低成本与高效率。与宏观尺度通道中流体的行为不同，微尺度下的流体具有层流与液滴等特征性质，可用于实现一些常规方法难以完成的微操纵。此外，微流控技术还具备试剂消耗少、通量高、分析速度快、检测灵敏度高、易于携带等优势。纵观发展至今，微流控技术始终备受多方关注，在生物医学等领域具有巨大的发展潜力。

传统的微流控技术在芯片上构建微通道、微泵阀或微混合器等微纳器件，向封闭流道中通入微流体并对其进行控制与操作，从而完成整个实验流程。常见的微流体驱动方式包括压力驱动和电渗驱动等。然而，传统微流控大多需要依靠驱动泵、阀等配置，使得其芯片结构与设备复杂，对操纵人员的要求高，集成化与灵活性受到制约，且通道易产生死体积，造成交叉污染。

数字微流控（digital microfluidics，DMF）技术[3]是一种对离散液滴进行独立操控的新型液滴操纵技术，其操纵的液滴尺寸一般在微升至皮升级别，常见的驱动方法包括介电润湿（electrowetting on dielectric，EWOD）[4]、介电泳[5]、声表面波[6]、静电力、磁力[7]等。其中，基于介电润湿的电操控数字微流控技术通过改变疏水表面上液滴的接触角进而完成对离散液滴的精确控制。其实现了液滴分配、移动、合并与分裂等操纵的一体化和自动化，是目前发展最为迅速的一种驱动形式，在现阶段的应用也最为广泛。

1.2 数字微流控技术的起源

1.2.1 数字微流控技术的定义

数字微流控技术是微流控领域中一个新兴的概念，广义的数字微流控指的是一系列新型的基于离散液滴操纵技术的统称，根据离散液滴操纵方式的不同可以进一步分为介电泳法、介电润湿法、磁力法、声表面波法等，而在狭义上则特指基于介电润湿的数字微流控技术。本书聚焦基于介电润湿的数字微流控技术，细数其近二十年来的发展历程。

1.2.2 数字微流控技术的萌芽

1875 年，李普曼（Lippmann）[8][图 1.1（a）]在实验中观察到毛细管内的水银在电场力的作用下，其管内的上升值会发生变化[图 1.1（b）]，由此提出了电毛细力原理，即李普曼定律，并进而提出描述电润湿（electrowetting，EW）现象的基础理论方程——李普曼方程。电润湿现象是指一种利用电场的作用使液滴在基板上的润湿性发生变化，即通过改变液滴的接触角造成液滴形变，从而使液滴在表面铺展的现象。然而，在该现象提出之后的一百多年里，研究人员发现，由于体系中液滴是与电解质直接接触的，施加电压后容易引起液滴的电解。这使得电润湿现象的应用与发展受到了阻碍。

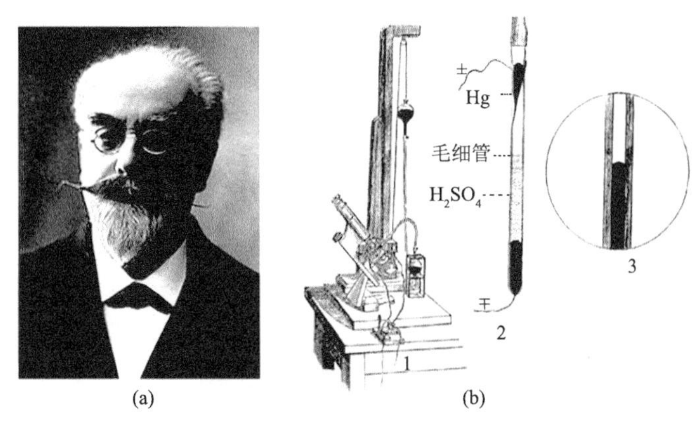

图 1.1　数字微流控技术发展史上的代表人物与理论实验

（a）李普曼。（b）电毛细力实验：1. 电毛细力实验装置图；2. 电毛细管放大图；3. 毛细管内汞柱液面图

1969 年，Dahms[9]首次利用介质上电润湿的构造进行了电毛细效应的研究，其所施加的电信号不直接与液滴接触，而是增加了一层介质层，从而有效防止了液滴的电解。然而，Dahms 的实验着力于电毛细力，并未对液滴接触角的变化做出进一步的研究。

1993 年，Berge[10]将李普曼定律和杨氏定理相结合，得到了李普曼-杨氏定律，确定了液滴接触角与激励电压的关系，并以此为基础提出了介电润湿的原理设想，即利用一个介质层隔开液滴与导电金属电极，以防止施加电压时造成液滴的电解。他对覆盖有绝缘介质层的电极施加电信号，同样观察到了表面上液滴接触角的变化，由此解决了液滴电解的问题，使得利用电压调控进行液滴的操纵成为可能。

介电润湿原理的提出启发了科研人员对液滴的输运与分裂等操纵的研究，结合时下迅速发展的 MEMS 技术，越来越多基于介电润湿效应的芯片被报道，介电润湿技术成为研究的热点，这预示着基于介电润湿的数字微流控技术即将问世。

1.2.3　数字微流控系统概念的提出

2000 年，美国杜克大学的 Fair 研究组[11]首次构建了电极阵列形式的微流控芯片，其利用介电润湿技术实现了对离散微液滴的操纵。同年，美国加利福尼亚大学洛杉矶分校的 Kim 研究组[12]提出了基于介电润湿的数字微流控系统的概念，利用该系统实现了电极阵列上微液滴的移动、分配、分裂与合并，并展示了该系统的操纵具有可寻址性能。自此，开启了基于介电润湿的数字微流控系统的研究。

1.3　数字微流控技术的平台竞争力

近二十年来，数字微流控技术在诸多领域崭露锋芒，展示了多元化的应用前景，也吸引了众多学者涉足这一多学科交叉领域，开展了许多意义深远的研究。那么，数字微流控技术相较于传统实验室方法，甚至是传统微流控技术而言，究竟有何独特的优势，能够使其在众多平台中脱颖而出呢？下面，让我们一一细数。

我们将数字微流控技术的平台竞争力列举在表 1.1 中。首先，利用数字微流控平台进行反应可显著减少试剂和样本的消耗。在许多研究领域中，昂贵的试剂和微量的样本对分析来说无疑是一个巨大的挑战。如何在有限的样本中获取足够的信息，并进一步降低分析成本是至关重要的一步。传统的微流控技术虽然已经在一定程度上降低了试剂和试样的消耗，但仍然存在着“死体积”的问题，试剂和样本浪费严重。而数字微流控技术可以实现皮升至微升级别液滴体积的精确控制，这种离散液滴的控制方式具有更强的灵活性，大大降低了试剂的消耗，提高了试剂和样本的利用率。

表 1.1　数字微流控技术的平台竞争力

项目	传统实验室	传统微流控	数字微流控
自动化程度	极低	低	高
样本、试剂消耗量	多	较少	极少
检测分析速度	慢	较快	快

续表

项目	传统实验室	传统微流控	数字微流控
污染程度	较高	低	极低
芯片设计	—	复杂	简单
芯片加工工艺	—	烦琐	简单
设备集成度	—	低，难以携带	高，简易便携

其次，作为一个自动化的微液滴操纵平台，数字微流控可有效缩短检测和分析的时间。现有研究表明，小体积反应不受扩散动力学限制，能够大大缩短反应时间。而数字微流控不仅具有小体积的优势，同时也具有动态操控的特点。利用数字微流控操控液滴动态孵育和混匀，进一步提高了液滴中的反应速率，使得检测和分析时间大为缩短。

与此同时，利用数字微流控平台也可大幅度地提升其分析性能。由于液滴的小体积效应显著增大了液体的比表面积，有助于改进液体内部的反应动力学，使其分析性能远超于宏观体系。

作为一个封闭的体系（这里特指双平板结构芯片），数字微流控可在极大程度上隔绝外界的污染。目前常用的数字微流控形式一般是基于双平板式的封闭结构，并以油相进行填充。这种形式的数字微流控芯片具有良好的密闭性，使液滴完全隔绝空气，能够在最大程度上减少环境污染，尤其适合核酸的扩增和检测。另外，由于其具有良好的密闭性，避免了人体与生物样本的直接接触，大大降低了传染性样本和危险性样本检测的感染风险。

作为一个自动化、集成化的平台，数字微流控技术具有一个竞争性的优势便是其可以进行自动化和程序化控制。基于电信号的控制模式，数字微流控可实现程序化的液滴操纵，适用于步骤复杂、操作烦琐的反应过程，如样品前处理、免疫反应、核酸提取等。其自动化和程序化的特点，在一定程度上减少了人力的消耗，降低了对技术人员的要求，提高了分析和检测的稳定性和重现性。

此外，数字微流控芯片的设计简单，成本低廉。数字微流控芯片设计只需考虑电极的形状、大小和排布，较为简单。由于芯片具有极强的可扩展性，为高通量分析提供了研究基础。同时，由于数字微流控芯片不依赖微泵、微阀、微混匀器等元件及复杂的三维流体通道，液滴路径具有可自定义的特点，增强了生物芯片推广定制化的可能性。另外，随着微纳加工技术的发展和进步，数字微流控芯片加工工艺日渐成熟和稳定，基于石英玻璃和氧化铟锡（indium tin oxide, ITO）导电玻璃的数字微流控芯片已经在各研究领域中得到了广泛的应用。近年来，印刷电路板和喷墨打印形式的数字微流控芯片的出现进一步简化了芯片的加工工艺流程，大大降低了芯片成本，为芯片的批量生产提供了可能。

数字微流控平台不仅芯片构造较为简单，其控制设备也是小型化、便携化的，具有用户友好型的特点。数字微流控电路控制模块简单，集成化程度高，使其控制设备具有质量轻、体积小、携带方便等优点，对工作环境适应力强，尤其适用于现场的快速分析。

最后，采用数字微流控平台还可实现检测分析的一体化。数字微流控基于电信号的控制模式，使其与其他分析设备具有良好的兼容性，易与其他检测分析设备集成，如光电倍增管、质谱仪、电化学工作站等，提高了平台的集成度，实现了检测分析的一体化。

不难看出，数字微流控相较于传统实验室或传统微流控技术具备极强的平台优势，也得益于此，数字微流控技术可以在短短数十年间飞速发展，在诸多领域得到广泛关注和应用。

1.4　数字微流控技术的发展

1.4.1　数字微流控形式的发展

自数字微流控系统的概念提出之后，对其的研究大多使用封闭的双平板结构芯片。该种芯片的典型结构包括平行的上下两个平板，下板为连接驱动电压的微电极阵列，上板连接地电极，液滴位于上下板之间构成封闭的“三明治”结构。

双平板数字微流控芯片的电极与电路设计简单，液滴驱动稳定且可实现液滴的分配、移动、合并与分裂等多种复杂操纵。

根据驱动电极和地电极排布的不同，数字微流控芯片还有另一种开放式的单平板结构。这种结构的芯片仅有一个平板用以承载驱动电极。单平板结构芯片虽然节省了器件结构与加工流程，在液滴驱动速度方面也有提高，但电极结构大多较为复杂，所需的驱动电压较高，且不能实现液滴的分配与分裂的操纵。

除了单平板和双平板两种基本的结构外，也有小部分研究综合以上两者，构建出单双平板结合的数字微流控芯片。2006 年，Berthier 等[13]首次设计了一种兼备单平板与双平板结构的组合型芯片，并通过模拟分析确定芯片的尺寸，使液滴能够在两个平板之间实现自由切换。之后，研究人员针对这种结构的芯片提出了三维集成驱动的概念。Roux 等[14]在单平板上通过施加高压使液滴纵向跳跃，实现了垂直方向上的液滴驱动。

数字微流控芯片的基底并不仅限于玻璃或硅片等硬性材料，也有研究人员利用柔性材料进行芯片制作，如纸、聚对苯二甲酸乙二酯（polyethylene terephthalate，PET）薄膜等。这种基底的芯片不仅成本低，简易便携，还可弯曲、折叠、组装成其他所需的形状，拓展了数字微流控芯片形状结构的维度，在穿戴式芯片[15]方面具有巨大的应用前景。

此外，驱动电极的设计也会对芯片的性能产生影响。常规的数字微流控芯片采用分立式电极结构，即每个电极均是一个单独的控制单元，承担液滴驱动的功能。除了传统的正方形电极外，研究人员还将电极边缘设计成叉指状，如锯齿状、正弦状、细条状、新月状等，以增大液滴与邻近电极的接触，使得液滴驱动性能增强，驱动更加平稳。然而，这种叉指结构电极（尤其是正弦状结构）容易造成局部电势过高，从而引起电极的击穿。

1.4.2　数字微流控操纵方法的发展

数字微流控芯片有着对微量液滴操纵简单、方式多样化的优势，因而发展迅速、应用甚广。而同时，为了适应不同功能体系的需求，液滴操纵的深度和广度，即操纵液滴体积的准确度与体积大小范围方面也一直是该类型芯片研究的核心部分。

在操纵深度方面，由于数字微流控芯片是对微液滴进行的一系列操纵，对液滴操纵的精确性有一定的要求，因此，提高液滴生成的精确度成为研究人员重点的研究方向之一。2004 年，Ren[16]通过外加压力泵的方式将液滴泵入芯片上，利用芯片驱动与压力泵形成一对相互作用力以控制液滴的大小，并通过实时电容检测系统进行监测。2008 年，Gong 等[17]在芯片上设计了储液池代替外置压力泵。液滴可以通过储液池直接生成，提高了系统集成度，同时也将液滴生成的精确度从原先的±5%提高到了±2%。而后，Elvira 等[18]提出，在液滴生成的过程中，保持储液池里的液滴总量不变可进一步提高液滴生成的精确度，同时也可实现多次重复的液滴分配。

除了上述主动分配的方式以外，也可通过被动生成的方法产生液滴。2012 年，Eydelnant 等[19]在芯片上制备局部亲水化的位点，使得液滴驱动经过这些位点时，由于润湿性发生变化而保留一定体积的微液滴，利用这种方法可将精确度进一步提高至±0.7%，但是这种方法存在无法对生成液滴进行二次操纵的问题。

在操纵广度方面，数字微流控芯片能够通过芯片结构与电极尺寸的设计控制驱动液滴体积范围在纳升级至微升级。2008 年，Song 等[20]通过理论研究，指出了芯片上驱动液滴为皮升级时仍能符合其提出的微缩物理模型。数字微流控技术发展至今，能够操纵的液滴体积从皮升级至微升级，范围非常广，然而对于典型的双平板结构芯片而言，其所驱动的液滴体积完全由芯片的电极尺寸以及两板间隙所决定，因而缺乏一定的灵活性。

近年来，随着对微细电极驱动技术的深入研究，研究人员提出了多电极控制单液滴的概念，可同时对多个大小不同的液滴进行操纵。2011 年，Fan 研究组[21]首次将数字微流控芯片的驱动电极缩小为 1/100，制备成微细电极阵列，实现了不同体积、形状液滴的操纵，然而，这种阵列结构芯片在扩大规模时会产生引线排布与电路控制系统趋向复杂化的问题。

1.4.3　数字微流控应用的发展

作为一种新兴的通用型离散微流体处理平台，数字微流控技术以其自动化、微型化和集成化等优势在生物[22]、化学[23]、医学[24]等方面都具备巨大的应用前景。

2004 年，Kim[25]和 Fair[26]两个课题组几乎同时完成了将数字微流控技术与基质辅助激光解吸电离飞行时间质谱（matrix-assisted laser desorption ionization-time of flight mass spectrometry，MALDI-TOF-MS）联用进行蛋白分析的工作，这意味着数字微流控技术在生物分析领域研究的开始。数字微流控技术在操纵微液滴时具有以下优势：样品和试剂消耗少，成本低；体系封闭，无交叉污染；芯片制备材料无生物毒性，可完美兼容生物应用体系；高度微型化，可进行细胞、颗粒等物质的操纵；液滴生成重复性好，精确度高，可减少由试剂引入造成的偏差；传质传热速度快，分析效率高，检测灵敏度高等。因此，该技术非常适用于高复杂度、高性能、高集成化的生物分析体系。2004 年，Srinivasan 等[27]将各种人体体液的液滴在芯片上进行了驱动分析，成功实现了芯片上的液滴操纵，证明了数字微流控技术在临床诊断方面应用的可能性。此外，Wheeler 研究组[28]也成功实现了从组织样本中提取小分子分析物进行定量检测，并完成了实际患者样品的分析，预示着数字微流控在个性化医疗方向的发展潜力。目前，数字微流控技术已在核酸分析、蛋白质组学、免疫检测、细胞分析、临床诊断等生物医学分析领域取得众多重要的研究成果，其影响力也在日益加深。

另外，数字微流控技术在化学领域也同样有着丰富的应用与发展。2006 年，Dubois 等[29]首先对介电润湿芯片上各种离子溶液的驱动情况进行了考察，并成功验证了其驱动能力，这意味着基于介电润湿效应的芯片在化学分析方面也具有极强的兼容性。之后，Chatterjee 等[30]又进一步验证了各种有机溶液、离子溶液以及水相表面活性剂等溶液在芯片上的驱动能力，展示了介电润湿数字微流控芯片强大的驱动性能，预示着其在化学领域更加多样化的应用。由于数字微流控对液滴操纵的精确性、并行性与自动化，因此，利用这一强大的微操纵平台可以在芯片上集成样品加入与混合、样品稀释以及微粒分离等步骤。而且数字微流控芯片上每个液滴都是一个独立的微反应器，在一个芯片上可同时进行多步反应，极大地提高了实验效率。在采用无油填充介质的情况下，可进行溶剂蒸发的操作，以及一些需要与油混溶的有机溶剂的化学合成反应。同时这种体系与多种溶液都有较强的相容性，包括纯有机溶剂、离子溶液、水相表面活性剂等。

1.5 小　　结

虽然距离数字微流控技术的提出仅近二十载，但其发展之迅速、成果之丰硕，的确备受科研人员的关注。纵观微全分析系统发展历程上的诸多技术，数字微流控技术因其在自动化、微型化、集成化与高并行性等方面的显著优势使之迅速脱颖而出，成为一个强大的处理分析平台，并得以广泛的应用。未来，数字微流控技术将继续朝着高通量与便携式方面不断努力，通过对其机理的深入研究获得更加稳定的液滴操纵模式，使之能够真正成为为人们日常生活服务的工具，成为个性化医疗、即时检测、食品安全等方面强有力的分析平台。

参 考 文 献

[1] Manz A, Graber N, Widmer H M. Miniaturized total chemical analysis systems: a novel concept for chemical sensing. Sensors and Actuators B: Chemical, 1990, 1 (1): 244-248.

[2] Prakadan S M, Shalek K, Weitz D A. Scaling by shrinking: empowering single-cell "omics" with microfluidic devices. Nature Reviews Genetics, 2017, 18 (6): 345-361.

[3] Choi K, Ng A H, Fobel R, et al. Digital microfluidics. Annual Review of Analytical Chemistry, 2012, 5: 413-440.

[4] Zou F, Ruan Q, Lin X, et al. Rapid, real-time chemiluminescent detection of DNA mutation based on digital microfluidics and pyrosequencing. Biosensors and Bioelectronics, 2019, 126: 551-557.

[5] Abdelgawad M, Wheeler A R. Rapid prototyping in copper substrates for digital microfluidics. Advanced Materials, 2007, 19 (1): 133-137.

[6] Guttenberg Z, Muller H, Habermuller H, et al. Planar chip device for PCR and hybridization with surface acoustic wave pump. Lab on a Chip, 2005, 5 (3): 308-317.

[7] García A A, Egatz-Gómez A, Lindsay S A, et al. Magnetic movement of biological fluid droplets. Journal of Magnetism and Magnetic Materials, 2007, 311 (1): 238-243.

[8] Lippmann G. Relation entre les pheomenes electriques et caillaries. Annales de Chimie Et de Physique, 1875, 5: 494.

[9] Dahms H. Electrocapillary measurements at the interface insulator-electrolytic solution. Journal of the Electrochemical Society, 1969, 116 (11): 1532-1534.

[10] Berge B. Electrocapillarity and wetting of insulator films by water. Comptes Rendus de l'Academie des Sciences, Serie Ⅱ, 1993, 317(2): 157-163.

[11] Pollack M G, Fair R B, Shenderov A D. Electrowetting-based actuation of liquid droplets for microfluidic applications. Applied Physics Letters, 2000, 77 (11): 1725-1726.

[12] Lee J, Kim C J. Surface-tension-driven microactuation based on continuous electrowetting. Journal of Microelectromechanical Systems, 2000, 9 (2): 171-180.

[13] Berthier J, Clementz P, Roux J M, et al. Modelling microdrop motion between covered and open regions of EWOD microsystems. Nano Science and Technology Institute, 2006: 685-688.

[14] Roux J M, Fouillet Y, Achard J L. 3D droplet displacement in microfluidic systems by electrostatic actuation. Sensors and Actuators A: Physical, 2007, 134 (2): 486-493.

[15] Fan S K, Yang H, Hsu W. Droplet-on-a-wristband: chip-to-chip digital microfluidic interfaces between replaceable and flexible electrowetting modules. Lab on a Chip, 2011, 11 (2): 343-347.

[16] Ren H. Automated on-chip droplet dispensing with volume control by electro-wetting actuation and capacitance metering. Sensors and Actuators B: Chemical, 2004, 98 (2-3): 319-327.

[17] Gong J, Kim C J. All-electronic droplet generation on-chip with real-time feedback control for EWOD digital microfluidics. Lab on a Chip, 2008, 8 (6): 898-906.

[18] Elvira K S, Leatherbarrow R, Edel J, et al. Droplet dispensing in digital microfluidic devices: assessment of long-term reproducibility. Biomicrofluidics, 2012, 6 (2): 22003.

[19] Eydelnant I A, Uddayasankar U, Li B, et al. Virtual microwells for digital microfluidic reagent dispensing and cell culture. Lab on a Chip, 2012, 12 (4): 750-757.

[20] Song J H, Evans R, Lin Y Y, et al. A scaling model for electrowetting-on-dielectric microfluidic actuators. Microfluidics and Nanofluidics, 2008, 7 (1): 75-89.

[21] Wang G, Teng D, Fan S K. Digital microfluidic operations on micro-electrode dot array architecture. IET Nanobiotechnology, 2011, 5 (4): 152.

[22] Wang Y, Ruan Q, Lei Z C, et al. Highly sensitive and automated surface enhanced raman scattering-based immunoassay for H5N1 detection with digital microfluidics. Analytical Chemistry, 2018, 90 (8): 5224-5231.

[23] Jebrail M J, Ng A H, Rai V, et al. Synchronized synthesis of peptide-based macrocycles by digital microfluidics. Angewandte Chemie International Edition, 2010, 49 (46): 8625-8629.

[24] Jebrail M J, Yang H, Mudrik J M, et al. A digital microfluidic method for dried blood spot analysis. Lab on a Chip, 2011, 11 (19): 3218-3224.

[25] Wheeler A R, Moon H, Kim C J, et al. Electrowetting-Based microfluidics for analysis of peptides and proteins by matrix-assisted laser desorption/ionization mass spectrometry. Analytical Chemistry, 2004, 76 (16): 4833-4838.

[26] Srinivasan V, Pamula V K, Paik P, et al. Protein stamping for MALDI mass spectrometry using an electrowetting-based microfluidic platform. Proceedings of the SPIE, 2004, 5591: 26-31.

[27] Srinivasan V, Pamula V K, Fair R B. An integrated digital microfluidic lab-on-a-chip for clinical diagnostics on human physiological fluids. Lab on a Chip, 2004, 4 (4): 310-315.

[28] Abdulwahab S, Ng A H C, Chamberlain M D, et al. Towards a personalized approach to aromatase inhibitor therapy: a digital microfluidic platform for rapid analysis of estradiol in core-needle-biopsies. Lab on a Chip, 2017, 17 (9): 1594-1602.

[29] Dubois P, Marchand G, Fouillet Y, et al. Ionic liquid droplet as e-microreactor. Analytical Chemistry, 2006, 78 (14): 4909-4917.

[30] Chatterjee D, Hetayothin B, Wheeler A R, et al. Droplet-based microfluidics with nonaqueous solvents and solutions. Lab on a Chip, 2006, 6 (2): 199-206.

第 2 章　数字微流控液滴驱动理论

数字微流控液滴驱动是指液滴在电润湿现象的控制下进行生成、输运、合并、分裂等运动的行为，这一驱动方法的实现基础是液滴的电润湿现象。电润湿是指在对液滴施加电场力的情况下，液滴表面张力会受电场力作用发生明显改变，从而诱发液滴运动的现象。经过学者们不断的研究发现，这种现象可以使液滴在经过特殊构建的电极阵列表面移动，是一种新型的液滴操纵方法。

在此背景下，本章中首先介绍表面润湿、表面张力等基本概念，然后重点讨论电润湿技术中液滴操纵的基本理论问题。

2.1　表面润湿

当液滴被放置于一个理想的固体表面时，液滴受到表面张力的作用而沿着固体表面铺展开来，从而表现出润湿的现象。铺展程度决定了液滴的表面润湿特性，该特性受到固体表面性质、液体种类及周围介质种类的影响，通常用接触角来进行描述[1, 2]。接触角是以固、液、气三相交接处为起点，分别沿固体表面和液体表面做切线，在液体内部所形成的夹角。当设定液体为水时：接触角小于 90°，液体在固体表面扩展，称为亲水；接触角大于 90°，液体在固体表面收缩不扩展，称为疏水。极限情况下，当接触角为 0°时，则被称为完全亲水；当接触角为 180°时，则被称为完全疏水，如图 2.1 所示。

从微观上看，当液体的量很少时，液体的状态主要取决于固、液、气三相之间的表面张力。若气-固、固-液、气-液三相之间的表面张力分别是 γ_{SG} 、γ_{SL} 、γ_{LG} ，当系统处于平衡态时，三相表面张力在水平方向上合力为零，则得到杨氏方程[1]:

$$\gamma_{\mathrm{SG}} - \gamma_{\mathrm{SL}} = \gamma_{\mathrm{LG}} \cos\theta \tag{2.1}$$

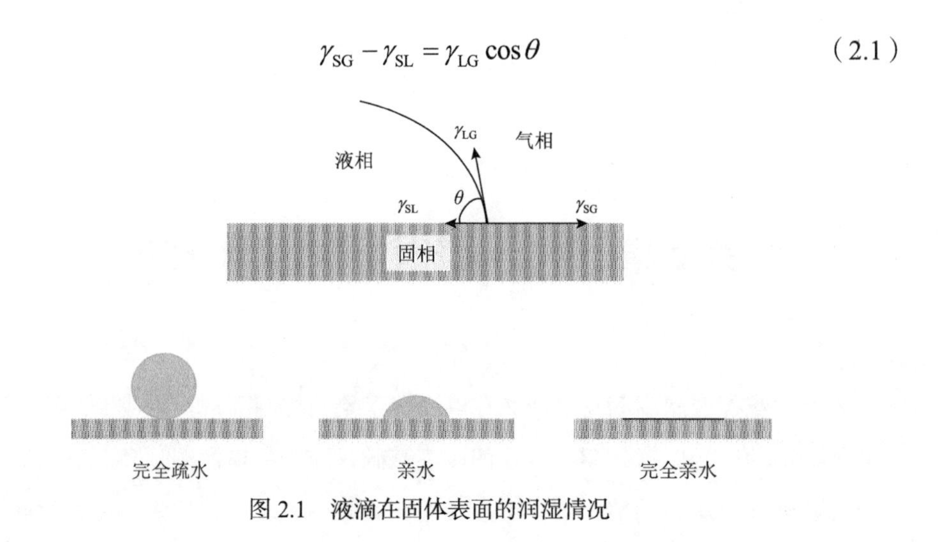

图 2.1　液滴在固体表面的润湿情况

从能量的角度考虑，液滴在被放置在固体表面前后表面张力从 γ_{LG}、γ_{SG} 的两个界面变成了一个表面张力为 γ_{SL} 的固-液界面（图 2.2）。假设液体在固体表面铺展单位面积，则体系对外做功 S：

$$S = \gamma_{\mathrm{SG}} - \gamma_{\mathrm{SL}} - \gamma_{\mathrm{LG}} \tag{2.2}$$

S 被称为铺展系数。$S \geqslant 0$ 时，液滴可以自动在固体表面上铺展，将杨氏方程代入式（2.2）中：

$$S = \gamma_{\mathrm{LG}}(\cos\theta - 1) \tag{2.3}$$

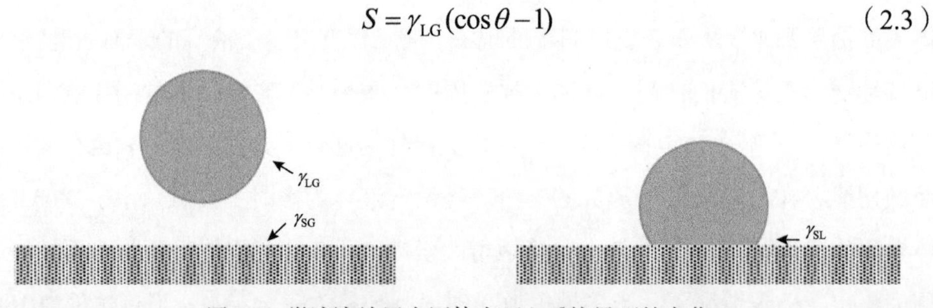

图 2.2　微液滴放置在固体表面上系统界面的变化

当接触角 $\theta=0°$ 时，$S=0$，刚好满足液滴铺展的条件；当 $\theta=180°$ 时，S 为极小值，此时液滴完全不润湿，理论上仅和固体表面存在点接触[2, 3]。

2.2　表面张力及其调控

2.2.1　表面张力

表面张力是分子引力的一种表现形式，在液体表面，分子所受的液体内部分子的分子力与外部分子对它的分子力的合力不为零，且合力为指向液体内部的吸引力，使得界面上的分子被液体内部吸引，使液体的表面呈现出收缩的趋势，从宏观上来看即为表面张力现象[4]。为了从能量角度来研究表面张力，可以将表面张力理解为改变两相接触面面积所需要做的功，即单位面积的表面能。定义表面张力系数等于表面能与表面积之比，表面张力系数反映了单位面积液体表面的表面张力大小。

2.2.2　表面张力的调控

表面张力属于物质本身的一种特性，其值大小能通过施加可影响物质内部分子状态的条件来调节[5]。而表面张力的改变会导致液滴表面受力发生变化，从而引起微液滴与固相表面的接触角的变化。因此，在微液滴的固-液界面产生一个表面张力的梯度就可改变固-液交界面的局部润湿特性，从而实现微液滴沿该梯度方向的反方向运动。根据驱动原理的不同，目前主要有两大类通过改变表面张力驱动微液滴的方法。

（1）主动式驱动。主要包括静电驱动、磁驱动、光驱动、声表面波驱动、介电泳驱动、介电润湿驱动等。这些方法通过对液体表面施加能量梯度构建表面张力梯度，从而改变固-液表面的局部润湿性。

（2）被动式驱动。主要指借助两相或多相流的作用，通过表面张力实现微液滴剪切的液滴微流控芯片，以及以表面微结构设计实现芯片表面的表面张力梯度构建的芯片。

各种主动式和被动式驱动方法的优缺点可简单归纳为表 2.1[6-8]。介电润湿法驱动力强、消耗能量低、外设结构控制方式简单，且焦耳热效应比介电泳法小得多，因此是进行微液滴操纵最有效的方法。

表 2.1　改变表面张力的不同方法对比

驱动方式		优点	缺点
主动式	磁驱动	驱动力强，可控性好	需要改变液滴成分
	光驱动	易于远程、并行操纵	驱动力小、难以精准控制
	静电驱动	操作简单，焦耳效应小	易被其他因素影响，难以进行复杂液滴操纵
	声表面波驱动	易于远程操纵	驱动力小、难以精准控制
	介电泳驱动	易于大批量操纵，可控性好	焦耳效应大
	介电润湿驱动	驱动力强，可控性好，响应速度快，可高通量、并行操纵	所需外加电压大，进样困难
被动式	多相流驱动	易于大批量操纵	难以对单个液滴精确控制
	表面结构驱动	初始接触角极大，驱动力大	结构复杂，需要预设路径

2.2.3　介电润湿现象

电润湿是指微液滴位于电极上，当对微液滴通电后会引起微液滴的润湿性发生变化的现象[9, 10]。电润湿原理是外加电压的正极接驱动电极单元，负极插入微液滴中，从而形成闭合回路。施加电压后，等量异号电荷聚集在微液滴与驱动电极单元的界面，形成双电层，固-液界面表面张力减小，导致接触角减小，润湿性增加，固-液接触面铺展开来。

在电润湿体系中，微液滴与驱动电极单元直接接触。而双电层非常薄，所能承受的电压非常小，以至于接触角尚未发生较大改变时，电荷就已经跃过双电层使电解液发生水解。此外，为了解决这个问题，Berge[11]提出在导电基板和液体之间增加绝缘介质层，使液体与基板隔离，当给介质层施加电压时，微液滴在介质层表面的润湿特性同样会发生改变，这种现象被称为“介电润湿”。

2.3　介电润湿的基本理论

20 年来，利用介电润湿技术驱动微液滴已经得到了充分的实验验证，但是对介电润湿的内在机理——导致接触角改变原因的解释依然存在分歧。李普曼等从能量的角度出发，认为外加电压改变了固液界面的表面自由能，使固液界面的表面张力减小，从而改变接触角[12]。Digilov 从电力学的角度提出，外加电压引起三相接触线处的电荷积累发生变化，由此产生的静电作用导致线张力发生改变，引起三相接触角的变化[13]。在最新的研究结果中，有人提出接触角变化的真正原因是三相接触线附近水平方向电场力的作用，而接触线上的接触角不受外加电场的影响[14]。本节将对这些理论分别进行阐述。

2.3.1　基于热力学的介电润湿理论模型

经典热力学的李普曼定律是由导电液体与光滑固体表面接触的模型推导而来的。对该固液界面施加单位电场时，在电位差作用下，接触基板一侧的液体中会形成双电层。基于吉布斯界面热力学，界面张力梯度与法向力密度 $(\mathrm{d}V)$ 的关系为

$$\mathrm{d}\gamma_{\mathrm{SL}}^{\mathrm{eff}} = -\rho_{\mathrm{SL}}\mathrm{d}V \tag{2.4}$$

式中，$\gamma_{\mathrm{SL}}^{\mathrm{eff}}$ 为固液界面的有效表面张力；ρ_{SL} 为反荷离子的表面电荷密度；V 为电压。若假设反荷离子都处于距离固体表面 d_{H} 以内，则单位面积的双电层电容为 $c_{\mathrm{H}} = \varepsilon_0\varepsilon_1 / d_{\mathrm{H}}$，其中 ε_0、ε_1 分别为真空和液体的介电常数。通过积分可以得到有效表面张力：

$$\gamma_{\mathrm{SL}}^{\mathrm{eff}}(V) = \gamma_{\mathrm{SL}} - \int_{V_{\mathrm{pzc}}}^{V} \rho_{\mathrm{SL}}\mathrm{d}V = \gamma_{\mathrm{SL}} - \int_{V_{\mathrm{pzc}}}^{V} c_{\mathrm{H}}V\mathrm{d}V = \gamma_{\mathrm{SL}} - \frac{c_{\mathrm{H}}}{2}(V - V_{\mathrm{pzc}})^2 \tag{2.5}$$

式中，V_{pzc} 为零电荷电位（potential of zero charge）。将式（2.5）代入杨氏方程中，可得

$$\cos\theta = \cos\theta_0 + \frac{\varepsilon_0\varepsilon_1}{2d_{\mathrm{H}}\sigma_{\mathrm{LV}}}(V - V_{\mathrm{pzc}})^2 \tag{2.6}$$

从该式中可以得到导电液滴直接置于电极表面时，液滴接触角与所施加电压的关系。为了防止击穿的情况出现，在导电液滴与光滑固体表面之间插入一层介电层，此时在介电层表面和液滴之间形成双电层。该系统中包含固体和介电层表面之间（其电容为 c_{H}）、介质层本身[其电容为 $c_{\mathrm{d}} = \varepsilon_0\varepsilon_{\mathrm{d}}/d$（$d$ 为上下板之间高度）]两个连续的电容器，其中 ε_{d} 为介电层的介电常数。每单位面积的总电容 $c \approx c_{\mathrm{d}}$（$c_{\mathrm{d}} \ll c_{\mathrm{H}}$）。根据这一结果可知，电压降发生在介电层，而固体和介电层表面之间的电压降可以忽略。将式（2.5）替换为

$$\gamma_{\mathrm{SL}}^{\mathrm{eff}}(V) = \gamma_{\mathrm{SL}} - \frac{\varepsilon_0\varepsilon_{\mathrm{d}}}{2d}V^2 \tag{2.7}$$

此时假设介电层的引入没有引起瞬时电荷吸附，因此 V_{pzc} 被忽略不计。将杨氏方程代入其中，得到介电润湿构型下的李普曼-杨氏方程为

$$\cos\theta = \cos\theta_0 + \frac{c}{2\gamma_{\mathrm{LG}}}V^2 \tag{2.8}$$

式中，$\frac{c}{2\gamma_{\mathrm{LG}}}V^2$ 称为电润湿数。李普曼-杨氏方程表明接触角随着电场强度的增加而持续减小，该方程在一定参数范围内与实验符合得很好。但是在实际应用中，研究人员发现李普曼-杨氏方程无法解释某些实验现象。例如，它无法预测所谓“接触角饱和”现象，即当外加电势达到一定值时，接触角不再变化。此外，对于介电液体和低表面张力液体形成的液滴，如何进行理论解释也存在一定分歧。

另一种基于热力学的介电润湿理论模型研究思路是能量最小方法，即通过变分原理将表面能与电场能之和最小化，也可以得到李普曼-杨氏方程。Berge 最先提出了这种方法，Fontelos 和 Kindelan 等用这种方法求解了液滴的形状，研究了接触角饱和问题，并讨论了在一定参数条件下可能出现的不稳定情况。

2.3.2 基于电力学的介电润湿理论模型

由于上述热力学模型出发点是系统的宏观性质，在分析三相接触线附近的局部特性时具有一定的局限性。基于接触线附近的受力情况，Jones[15]和 Kang[16]提出了更细致的电力学模型。以理想液体为模型，根据科特韦格-亥姆霍兹关系，介电常数为 ε 的流体 $(\varepsilon_{\mathrm{f}})$ 在电场 E 作用下所受到的力密度为

$$\vec{f}_{\mathrm{k}}=\sigma_{\mathrm{f}}\vec{E}-\frac{\varepsilon_0}{2}E^2\nabla\varepsilon_{\mathrm{f}}+\nabla\left[\frac{\varepsilon_0}{2}E^2\frac{\partial\varepsilon_{\mathrm{f}}}{\partial\rho}\rho\right] \tag{2.9}$$

式中，$\vec{E}$ 为向量形式的电场强度符号；σ_{f} 为电荷量；ρ 为液体的质量密度。式中第一项是电荷密度为 σ_{f} 的流体受到的库仑力，若考虑电润湿中流体介质电松弛时间较小，液滴内部的电荷 $\sigma_{\mathrm{f}}=0$，只在流体界面上有电荷分布，该项可以忽略；第二项是由体系内介电常数不均匀所引起的，在液体内部等于 0，只作用在流体界面上；最后一项为电致伸缩项，此处可忽略。因此，此时作用在单位体积下的力 T_{ik} 可以用麦克斯韦应力表示：

$$T_{ik}=\varepsilon_0\varepsilon(E_iE_k-\frac{1}{2}\delta_{ik}E^2) \tag{2.10}$$

式中，E^2与$\left|\vec{E}\right|^2$相等；δ_{ik} 为一个 Kronecker 函数[$\delta_{ik}=0$（$i\neq k$）；$\delta_{ii}=1$（$i, k = x, y, z$）]。对上式进行积分可得作用在液体上的合力为

$$F_i=\oint_{\Omega}T_{ik}n_k\mathrm{d}A \tag{2.11}$$

式中，n_k 为在全部表面求和项中第 k 个面的单位法线。

而在一个理想导电液体的表面，电场力垂直于表面向外，因此其法相分量（$\dfrac{\vec{F}}{\delta A}$）是唯一的非零项（图 2.3）：

$$\frac{\vec{F}}{\delta A}=P_{\mathrm{e}}\vec{n}=\frac{\varepsilon_0}{2}E^2\vec{n}=\frac{\rho_{\mathrm{s}}}{2}\vec{E} \tag{2.12}$$

式中，$P_e = \varepsilon_0 E^2/2$ 为作用在液滴表面的静电压力。

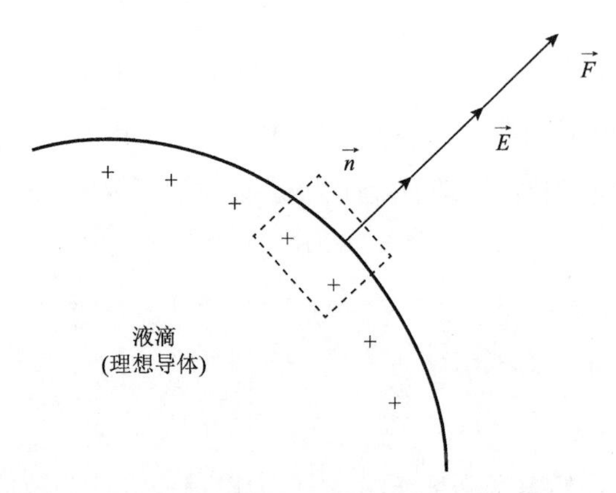

图 2.3　施加在作为理想导体的液体界面上的电场力

Kang、Vallet 和 Berge 等考虑将液滴置于绝缘层上，外加电场是 V，且设液滴内电荷为零，并被不可溶、完全绝缘的流体所包围。通过求解流体界面上的电荷分布，得到麦克斯韦应力，进一步求出电场力水平方向的分量为

$$F_{\text{水平}} = \frac{\varepsilon_0 \varepsilon_d V^2}{2d} \tag{2.13}$$

在三相线上做水平方向的力学平衡（图 2.4），可得李普曼-杨氏方程为

$$\cos\theta = \cos\theta_0 + \frac{\varepsilon_d}{2\gamma_{LG} d} V^2 \tag{2.14}$$

这表明基于电力学的介电润湿理论模型在一定简化条件下，与热力学模型的结果是相符的。

然而，需要注意的是，该模型揭示了电润湿过程中电场并不影响接触线附近的局部接触角，而李普曼-杨氏方程预测的只是在远离接触线一段距离测量的所谓“表观接触角”，这是对热力学模型中电场改变固液界面张力的观点的一种修正。与热力学模型相比，电力学模型更为精细地反映了接触线附近的电场信息。但由于该模型需要求解电场分布，仅对一些简单的情况可以得到解析解。

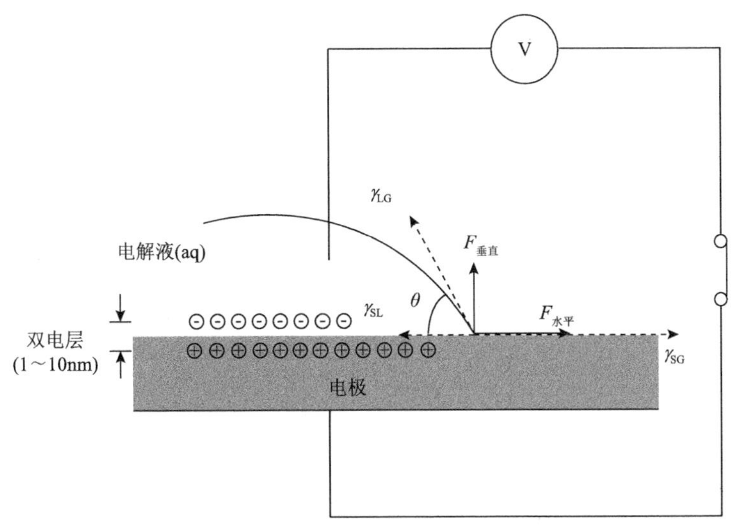

图 2.4　气液界面上电场力分析

2.4　接触角饱和与迟滞

2.4.1　接触角饱和

在低电压情况下，接触角的变化与李普曼-杨氏方程吻合，随电压增加而减小。而当电压超过某一阈值后，接触角会出现饱和，继续增加电压会使平板的介质层击穿。饱和效应一直是介电润湿器件微型化的瓶颈，限制了电润湿力的变化范围。目前对接触角饱和的各种解释还存在争议，学者们尝试用不同的原理来解释接触角饱和现象。已提出的一系列理论包括接触线处的气体电离[17]、介质层中的电荷捕获[18]、液滴电阻[19]以及接触线处的零固液界面张力极限[20]。

1. 气体电离

Vallet 等[17]发现在高电压下，在不到 100 ns 的时间内，盐溶液液滴接触线持续发光，发射光的波长和周围几种已知气体的发射特性相吻合。因此认为，当电压增加到一定程度时，高电场使周围空气发生电离，电荷通过离子化的空气到达固体表面，削弱电润湿效应。还有可能因为高电场对固体表面疏水薄膜的破坏，在液滴表面形成一个亲水环。

2. 电荷捕获

Verheijen 和 Prins[18]发现当用饱和电压驱动液滴以后，介质层表面带有电荷。因此他们认为电荷携带体会进入介质层，并产生抵消外加电压的电场强度。为了定量化地分析这种现象，假设电荷集中在介电层的固定深度，并且在接触线两侧和介质层厚度相当的范围内电荷密度相等，修改后的李普曼-杨氏方程为

$$\cos\theta = \cos\theta_0 + \frac{\varepsilon_0 \varepsilon_{\mathrm{d}}}{2d\sigma_{\mathrm{LV}}}(V - V_{\mathrm{T}})^2 \tag{2.15}$$

式中，V_{T} 为液滴外捕获电荷层的电势，当外界电压达到一定值时，电荷在高电场下不断被介质层捕获，因此电压的增加值都用来弥补捕获电荷产生电场的影响，而不会再减小接触角。V_{T} 值和介电层的材料性质有关，但是现阶段该理论无法建立饱和阈值和已知的材料参数之间的关系，而且也没有发现捕获电荷的微观过程。

3. 液滴电阻

Shapiro 等[19]认为球帽形的液滴内部和周围相当于一个电阻，液滴内的压降随着接触角的减小而增加，因此会引起饱和现象。这种解释可以和部分实验数据相吻合，但是这种解释和大电阻率的关系还没有被证明。

4. 固液界面张力下降

Peykov 等[21]认为，随着电势的增加，固液界面张力降低，当外加电势达到某一值时，固液界面张力值会降到 0。但是表面张力不可能为负，因此存在一个接触角饱和的极值电场。然而实验表明，当电压大于所谓的极值电场后，接触角还可以继续减小。

人们对于接触角饱和现象并没有完全理解，现有的各种理论，虽然可以解释

部分实验现象，但是都存在一定的特异性，并没有一种普适的理论出现。目前，对于接触角饱和现象的研究仍是关注的热点。

2.4.2　接触角迟滞

滞后是指接触角的实验值和理论值之差，是由微观尺度下的表面缺陷和粗糙造成的。在界面的运动过程中，动态滞后是指前进接触角和后退接触角的差值[18]。在数字微流控系统中，对液滴施加电压，当电压值从零逐渐增加时，液滴逐渐铺展，此时的接触角为前进接触角。反之，当电压逐渐减小时，液滴逐渐收缩回原来的形状，此时的接触角为后退接触角。前进接触角和后退接触角的值不同，两者之差即为接触角的滞后值。李普曼-杨氏方程中的接触角是两者的平均值。

介电润湿中存在接触角滞后的另一个证明是，当微流控系统所加的驱动电压值小于某一个值时，液滴并不发生移动，这个值被称为最小驱动电压 $V_{\min}$。当最小驱动电压值和接触角滞后值足够小时，可以通过公式对最小驱动电压进行估算：

$$V_{\min} \approx 2\sqrt{\frac{\gamma\alpha\sin\theta_0}{c}} \tag{2.16}$$

式中，α 为迟滞角；c 为介质层的等效电容。大的介质层等效电容（高的介电常数和薄的介质层）、低流体表面张力、大初始接触角（强疏水性）、小滞后角（表面光滑性好）都可以降低驱动电压的最小值。

2.5　基于介电润湿的四种基本操纵

介电润湿原理描述了电场作用使微液滴在固体表面的润湿特性发生改变现象的机理。但是，实现微液滴的驱动还需要在特定方向产生表面张力梯度，数字微流控为利用这一现象实现微液滴操纵的技术，即在液滴下方放置有修饰的驱动电极阵列，通过对阵列单元进行单独控制，可在通电阵列单元方向产生表面张力梯度。如图 2.5 所示，微液滴位于 1、2 两个电极单元之间，当两个电极单元都没有通电时，微液滴的接触角在水平上各方向相等，处于平衡状态。当对 2 号电极单元通电时，微液滴左半面的接触角保持不变，而右半面的接触角将减小，微液滴左右两侧表面曲率半径不一致，将在微液滴内部产生压力差，该压力差会使微液滴克服其所受阻力沿着施加电压的驱动电极单元方向运动。当按时序给驱动电极单元阵列施加电压，就可以使微液滴沿着预设电极单元阵列运动，实现对微液滴的操纵与控制。

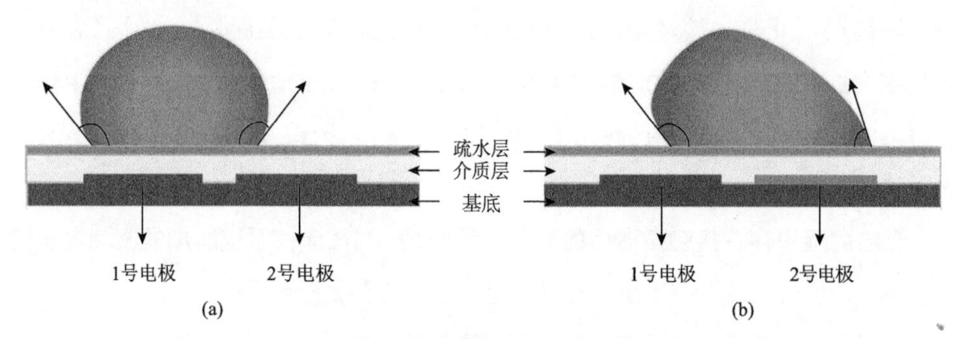

图 2.5　微液滴操纵模型示意图

（a）未加电压时微液滴状态；（b）2 号电极加电压时微液滴接触角变化

目前，介电润湿法能够实现的最基本的微液滴操纵类型包括生成、输运、合并和分裂四种，其中微液滴输运和合并的机理比较简单，而微液滴分裂和生成却相对复杂[22]。以下结合不同结构驱动芯片的特点，对微液滴的四种基本操纵的原理进行阐述。

2.5.1　微液滴输运

1. 微液滴输运条件

如前所述，液滴输运是通过控制液滴的润湿性来完成的。当导电液滴位于驱动电极和非驱动电极之间边界上时，通电产生的电润湿现象使驱动电极上方的液滴在这一侧形成表面张力梯度，此时液滴失去平衡，如果产生的力足以克服接触角滞后效应，液滴就会产生运动，如图 2.6 所示。

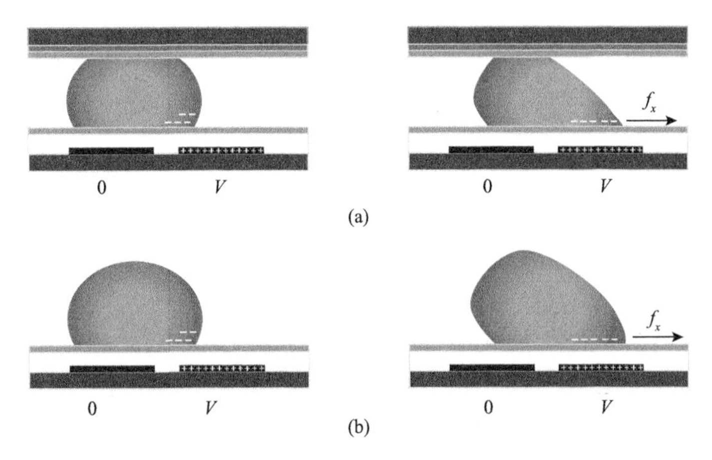

图 2.6　液滴输运示意图

（a）双平板系统；（b）单平板系统

现有的两种典型介电润湿构型中，单平板体系流动阻力较小，更易于实现充分的混合，且较易在非平面基底上实现，但液滴容易蒸发；双平板体系可以实现更复杂的液滴操纵，且不容易被污染。这两种体系的液滴输运特性有显著的差异。Jones 提出了不同基底上液滴所受静电力模型[15]，为

$$F_x = \sum_i \frac{\partial}{\partial x}\left(\frac{1}{2}c_i V_i^2\right) \tag{2.17}$$

式中，c_i 为基底电容；V_i 为液滴和电极之间的电压。根据此式，我们可以分别推导出单平板体系和双平板体系中液滴所受静电力：

单平板：
$$f_x = \frac{F_x}{e} \leqslant \frac{1}{4}cV^2 \tag{2.18}$$

双平板：
$$f_x = \frac{F_x}{e} = \frac{1}{2}cV^2 \tag{2.19}$$

由此可见，单平板所需驱动电压远小于双平板体系。

2. 微液滴输运速度

介电润湿驱动液滴时，液滴运动的速度取决于驱动力和流体黏性阻力的相对大小，Chen 等[23]介绍了一个简单的模型对液滴运动速度进行分析。对于图 2.6（a）

所示的双平板系统，若液滴为柱状，其半径为 r，两块平板的间距为 h，液滴的动态黏度为 μ，若液滴的平均运动速度为 V_c，速度分布是泊肃叶型，则壁面上单位面积的黏性应力为

$$\tau_w \approx \frac{6\mu V_c}{h} \tag{2.20}$$

整个液滴在两个平板上黏性力为

$$F_v \approx 2\pi r^2 \tau_w = \frac{12\mu\pi r^2}{h} V_c \tag{2.21}$$

若在给定电场 V 下，液滴的前进角是 θ_a，后退角是 θ_r，电润湿力为

$$F_e \approx 2r\gamma(\cos\theta_a - \cos\theta_r) \tag{2.22}$$

则液滴的速度由 $F_v = F_e$ 给出：

$$V_c \approx \frac{h\gamma}{6\pi\mu r}(\cos\theta_a - \cos\theta_r) \tag{2.23}$$

利用李普曼-杨氏方程，可以将上式改写成：

$$V_c \approx \frac{h}{12\pi\mu r} cV^2 \tag{2.24}$$

式（2.24）表明，液滴的运动速度和外加电场 V 的平方成正比，与黏性系数成反比，这与实验测量结果基本吻合。同理可求得单平板系统中液滴的运动速度：

$$V_o \approx \frac{2l}{5\pi\mu a} cV^2 \tag{2.25}$$

式中，l 为毛细管长度。

两类系统中液滴速度之比为

$$\frac{V_c}{V_o} = \frac{5}{24} \cdot \frac{h}{r} \cdot \frac{a}{l} \tag{2.26}$$

由于 a 和 l 是同量级的，且 $h \ll r$，因此在单平板系统中液滴的速度远大于双平板系统。

上式仅适用于液滴匀速运动的情况。Schertzer 等[24]更为细致地分析了液滴在电极上启动、平移和停止过程中，受到的毛细驱动力、接触角滞后效应、黏性阻力和接触线阻力等，得到了液滴位置 x 和速度 u 随时间的变化。

疏水层表面越光滑、微液滴越洁净（微液滴表面没有被灰尘等杂质污染），微液滴的输运速度就越大。除此之外，影响微液滴的输运速度因素还有外加电压幅值、接触角滞后、初始接触角大小等。再者，目前各学者所设计的数字微流控芯片都只能实现对微液滴的一维输运，要实现微液滴的二维输运则需要更复杂的驱动电极单元阵列布局。

2.5.2　微液滴合并

微液滴合并只需将两个液滴输运至相同电极上即可实现。如图 2.7 所示，两微液滴被输运到两相间电极单元并均与中间的电极单元相接触。此时，若中间电极单元施加电压，则两微液滴会被驱动到同一个芯片电极单元上发生合并。

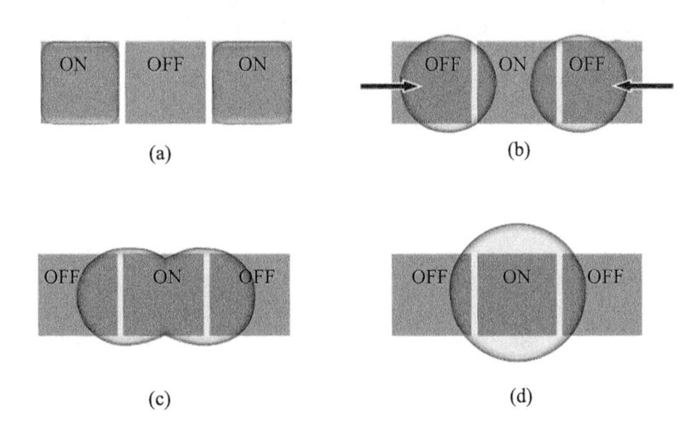

图 2.7　微液滴合并过程

图中方块代表驱动电极单元，ON 指电极施加电压，OFF 指电极未施加电压，箭头表示微液滴运动方向

然而，在微液滴合并的基础上，如何实现两液滴合并后的充分混合是至关重要的问题。在微流控体系中，被测样品的前处理、稀释及化学反应等功能的实现均需要混合操作，而充分的混合也是生化反应高效完成的基础。然而，在传统的

微流控器件中，操控的液体接近亚微米甚至纳米尺寸，液体的流动主要表现为低速的层流从而导致混合相当困难。特别是对于液滴微流控来说，存在内聚能的使其混合效率更低。

数字微流控芯片中，实现两个液滴或多个液滴的混合主要包括以下几种方法。

1. 液滴往复运动

操纵液滴进行往复运动是最简单的液滴混合方法。如图 2.8 所示，在一排电极上放置两个液滴，一个液滴用荧光染料标记，而另一个没有荧光染料，通过往复运动的方式进行混合，混合效率由荧光染料的扩散来监测。从图中可以观察到，该混合过程是由在运动过程中位于液滴尾部的部分主导的，其沿着气液界面进行运动，这使得靠近界面的粒子移动速度比位置相似的大体积液体要快得多。这个现象被解释为电马兰戈尼效应，即由电力作用引起的在液体/空气界面上存在张力的梯度而使质量移动的现象。然而，这种现象阻碍了两种液滴内部的混合，降低了混合效率，使两种液体需要经过大量的重复操纵之后才可以完全混合[25]。

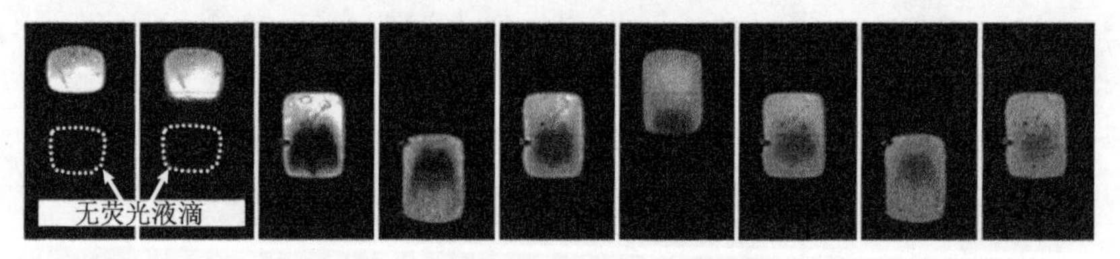

图 2.8　两个水滴在介电润湿双平板系统中往复混合过程的实时成像[25]

2. 合并-拆分运动

合并-拆分运动是通过操纵两个或多个微液滴以一定的速度输运到同一芯片上，借助合并—分离—合并—分离多次循环的扩散作用实现微液滴的合并，如图 2.9 所示。该方式由于可不断地进行液体交换从而改变液滴的表面张力，因此相比于往复运动，混合效率有一定提升。

3. 环形运动

上述两种混合过程均不会引起液滴内部的拉伸折叠，而这一点经研究表明是混合过程的最佳促进方式。为了实现这种拉伸折叠模式，液滴的环形运动已经被广泛作为液滴混合的最成熟方法而使用。图 2.10 为环形回路得到的混合运动成像图。此时我们可以观察到仍然有电马兰戈尼效应存在，但这次这种效应存在于拉伸和折叠过程的每个角落，从而实现了更高的混合效率。

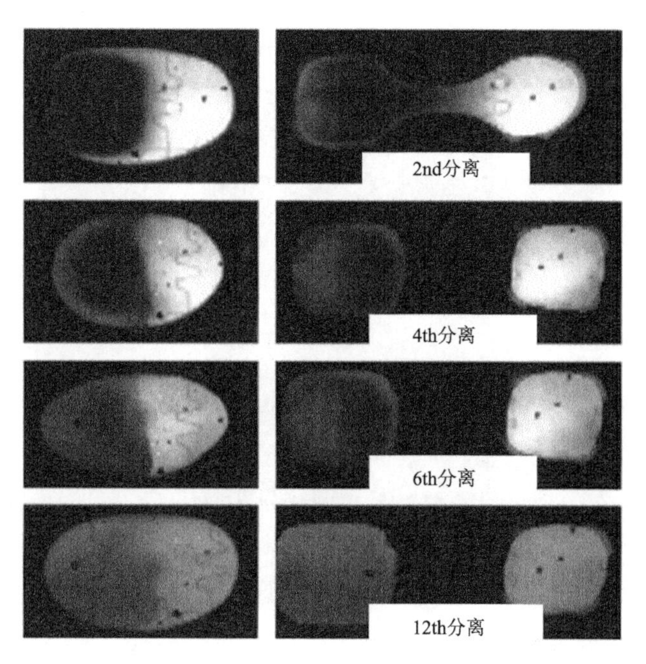

图 2.9　两个水滴在介电润湿双平板系统中合并-拆分过程的实时成像[25]

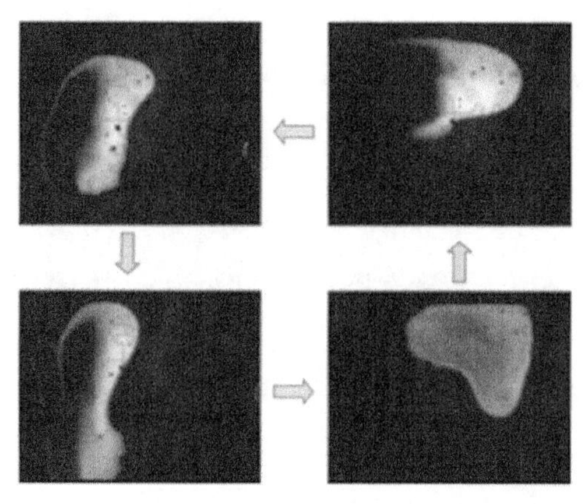

图 2.10　两个水滴在介电润湿双平板系统中环形运动过程的实时成像[25]

2.5.3 微液滴分裂

如图 2.11 所示，微液滴位于中间驱动电极单元上，且与左右两相间驱动电极单元接触。由介电润湿原理可知，当左右两相间电极单元加一定幅值的电压而中间的驱动电极单元断开（悬空或接地），微液滴左右两侧接触角会减小，因此将向两边铺展开来形成“橄榄球”形状，继而在中间凹陷形成“瓶颈”，最终分离形成两个体积较小的微液滴。

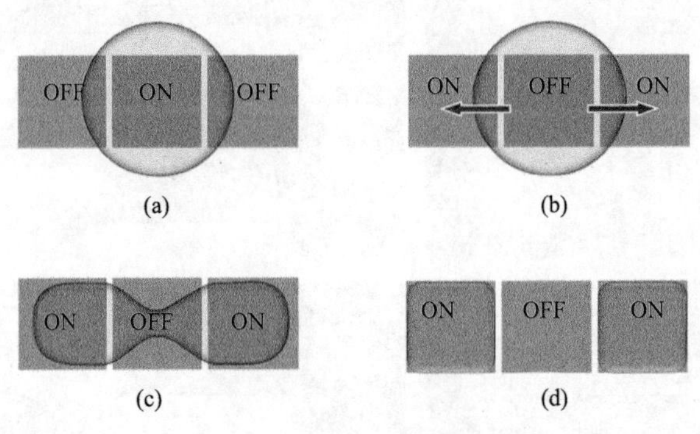

图 2.11 微液滴分裂过程

在微液滴分裂过程中，首先要解决的问题是分离条件，其需引入一定的外部能量[26, 27]。液滴的表面能如下

$$E = \gamma_{LG} A_{LG} + \gamma_{SL} A_{SL} \tag{2.27}$$

对于一个单平板体系，球形液滴的能量引入为

$$\frac{\Delta E}{E} = 2^{1/3} - 1 \approx 0.26 \tag{2.28}$$

对于一个双平板体系，液滴直径为 a，间距为 δ，能量引入为

$$\frac{\Delta E}{E} \approx \frac{\sqrt{2} - 1}{\sqrt{2}\left[1 + (\gamma_{SL} a / \gamma_{LG} \delta)\right]} \tag{2.29}$$

式中，$a \gg \delta$，$\gamma_{SL} \gg \gamma_{LG}$，上式的分母大于 1，因此双平板结构实现液滴分裂所需的能量远远小于单平板结构。

微液滴分裂模型如图 2.12 所示，当微液滴被左右两侧的驱动电极拉伸时，会受到分别在液滴两端的毛细拉伸力和液滴中间的剪切力。液滴的总表面能为

$$E=\gamma_{\mathrm{S1L}}A_{\mathrm{S1L}}+\gamma_{\mathrm{S2L}}A_{\mathrm{S2L}}+\gamma_{\mathrm{LG}}A_{\mathrm{LG}} \tag{2.30}$$

式中，$\gamma_{\mathrm{S2L}}=\gamma_{\mathrm{SL}}^{\mathrm{eff}}$。假设界面是完全平的，则此时：

$$A_{\mathrm{S1L}}=2Lw \tag{2.31}$$

$$A_{\mathrm{S2L}}=2(2\pi R^2) \tag{2.32}$$

而气液界面的面积与液滴的体积分别为

$$A_{\mathrm{LG}}=2h(2\pi R+L) \tag{2.33}$$

$$\mathrm{Vol}=hA_{\mathrm{SL}}=h(A_{\mathrm{S1L}}+A_{\mathrm{S2L}}) \tag{2.34}$$

假设液滴不存在蒸发，则

$$\mathrm{dVol}=\mathrm{d}A_{\mathrm{S1L}}+\mathrm{d}A_{\mathrm{S2L}}=0 \tag{2.35}$$

L 为常数，因此可以得到微分液滴能量公式：

$$\mathrm{d}E=(\gamma_{\mathrm{S2L}}-\gamma_{\mathrm{S1L}})8\pi R\mathrm{d}R+\gamma_{\mathrm{LG}}4\pi h\mathrm{d}R \tag{2.36}$$

最终得到：

$$\frac{\mathrm{d}E}{\mathrm{d}R}=4\pi\left[2R(\gamma_{\mathrm{S2L}}-\gamma_{\mathrm{S1L}})\right]+\gamma_{\mathrm{LG}}h \tag{2.37}$$

为了实现液滴的分裂，液滴自由能 E 需要减小，直径增大，此时 $\frac{\mathrm{d}E}{\mathrm{d}R}<0$。

将李普曼-杨氏方程代入得

$$h<2R\frac{cV^2}{2\gamma_{\mathrm{LG}}} \tag{2.38}$$

从以上结论中，我们确定了分离的决定性条件是上下板间距与驱动电极单

元尺寸的比值不能超过 0.22；且上下板间距越小、电极单元尺寸越大，则分离效果越好。

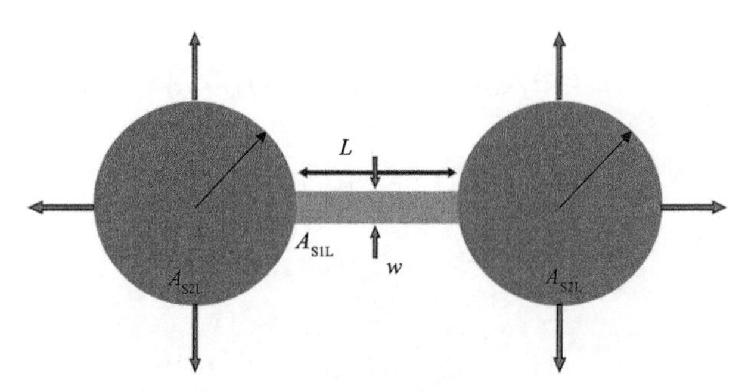

图 2.12　微液滴分裂模型

2.5.4　微液滴生成机理

微液滴生成的方法一般是将一个大液滴从储液池电极中拖出足够长水柱，之后切断水柱形成微液滴。如图 2.13 所示，首先 2～5 号驱动电极单元接通电压，储液池电极单元断开。根据介电润湿原理，在小电极单元阵列上会拖出一条长水柱；然后 1 号驱动电极单元和 5 号驱动电极单元加电压，其余驱动电极单元断开，则水柱会被两端电极单元“吸”回去，在水柱中间形成“瓶颈状”并最终断开生成微液滴。在实际实验中，微液滴生成过程非常复杂，所生成微液滴的体积、位置等指标的随机性很大，甚至可能出现水柱不能被拉回大液滴的情况，导致微液滴生成失败。影响生成微液滴的精确体积和稳定位置的因素主要包括电极单元形状和参数、疏水表面性质以及所加电压幅值、频率和次序等，然而关于微液滴生成的定量描述还有待深入研究。

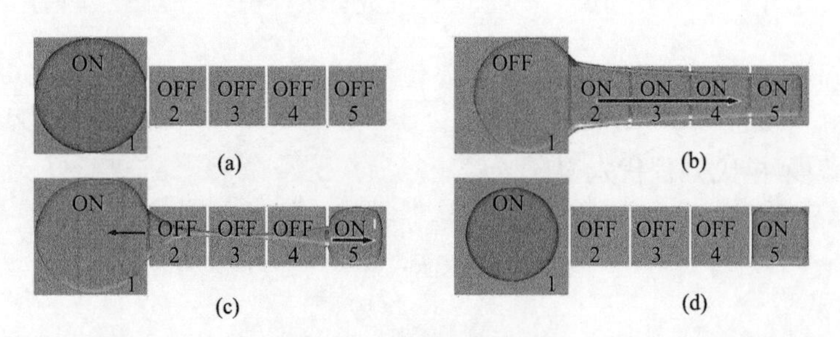

图 2.13　微液滴生成过程

2.6 小　结

数字微流控中微液滴的流动特性由液滴在芯片内的润湿性决定，与传统微流控中流体流动空间特征存在明显差异。深入理解数字微流控中液滴介电润湿特性变化，研究外部电信号与液滴内部微观过程和微观相互作用关系，尤其是介电润湿的界面处电荷转移过程对于液滴的进一步可控性、可操作性，芯片的进一步集成化、高效化至关重要。但是，现阶段数字微流控液滴驱动理论的发展受制于微观粒子、微流体与界面之间相互作用的复杂性，仍然存在许多问题，并没有一种可靠的理论可以解释过程中的全部现象，大多数研究仍然停留在只能在限定条件下解释特定现象的状态。

然而，可以预见的是，随着数字微流控技术的飞速发展，芯片内微液滴流速、温度等物理量测量技术的进步，微液滴驱动和调控的机制将成为本领域未来研究的重点之一。

参 考 文 献

[1] Carrillo L S, Soriano J, Ortín J. Interfacial instabilities of a fluid annulus in a rotating Hele-Shaw cell. Physics of Fluids, 2000, 12 (7): 1685-1698.

[2] Wang J Y, Betelu S, Law B M. Line tension approaching a first-order wetting transition: experimental results from contact angle measurements. Physical Review E, Statistical, Nonlinear, and Soft Matter Physics, 2001, 63 (3 Pt 1): 031601.

[3] Wang Z Q, Zhao Y P, Huang Z P. The effects of surface tension on the elastic properties of nano structures. International Journal of Engineering Science, 2010, 48 (2): 140-150.

[4] Guggenheim E A. The principle of corresponding states. The Journal of Chemical Physics, 1945, 13 (7): 253-261.

[5] Szymczyk K, Zdziennicka A, Janczuk B, et al. The wettability of polytetrafluoroethylene and polymethyl methacrylate by aqueous solution of two cationic surfactants mixture. Journal of Colloid and Interface Science, 2006, 293 (1): 172-180.

[6] Gallardo B S, Gupta V K, Eagerton F D, et al. Electrochemical principles for active control of liquids on submillimeter scales. Science, 1999, 283 (5398): 57.

[7] Sammarco T S, Burns M A. Heat-transfer analysis of microfabricated thermocapillary pumping and reaction devices. Journal of Micromechanics and Microengineering, 2000, 10 (1): 42-55.

[8] Beni G, Hackwood S, Jackel J L. Continuous electrowetting effect. Applied Physics Letters, 1982, 40 (10): 912-914.
[9] Mugele F, Baret J C. Electrowetting: from basics to applications. Journal of Physics: Condensed Matter, 2005, 17 (28): 705-774.
[10] Quilliet C, Berge B. Electrowetting: a recent outbreak. Current Opinion in Colloid & Interface Science, 2001, 6 (1): 34-39.
[11] Berge B. Electrocapillarity and wetting of insulator films by water. Comptes Rendus de l'Academie des Sciences, Serie Ⅱ, 1993, 317(2): 157-163.
[12] Lippmann G. Relation entre les pheomenes electriques et caillaires. Annales de Chimie Et de Physique, 1875, 5: 494.
[13] Digilov R. Charge-induced modification of contact angle: the secondary electrocapillary effect. Langmuir, 2000, 16(16): 6719-6723.
[14] Pollack M G, Shenderov A D, Fair R B. Electrowetting-based actuation of droplets for integrated microfluidics. Lab on a Chip, 2002, 2 (2): 96-101.
[15] Jones T B. An electromechanical interpretation of electrowetting. Journal of Micromechanics and Microengineering, 2005, 15 (6): 1184-1187.
[16] Kang K H. How electrostatic fields change contact angle in electrowetting. Langmuir, 2002, (18): 10318-10322.
[17] Vallet M, Vallade M, Berge B. Limiting phenomena for the spreading of water on polymer films by electrowetting. European Physical Journal B, 1999, (11): 583-591.
[18] Verheijen H J J, Prins M W J. Reversible electrowetting and trapping of charge: model and experiments. Langmuir, 1999, 15 (20): 6616-6620.
[19] Shapiro B, Moon H, Garell R, et al. Equilibrium behavior of sessile drops under surface tension, applied external fields, and material variations. Journal of Applied Physics, 2003, (93): 5794-5811.
[20] Buehrle J, Herminghaus S, Mugele F. Interface profiles near three-phase contact lines in electric fields. Physical Review Letters, 2003, 91 (8): 086101.
[21] Peykov V, Quinn A, Ralston J. Electrowetting: a model for contact-angle saturation. Colloid and Polymer Science, 2000, 278 (8): 789-793.
[22] Cho S K, Moon H, Kim C J. Creating, transporting, cutting, and merging liquid droplets by electrowetting-based actuation for digital microfluidic circuits. Journal of Microelectromechanical Systems, 2003, 12 (1): 70-80.
[23] Chen C Y, Fabrizio E F, Nadim A, et al. Electrowetting-based microfluidic devices. Design Issues 2003. Summer Bioengineering Conference, 2003: 25-29.
[24] Schertzer M J, Gubarenko S I, Ben-Mrad R, et al. An empirically validated analytical model of droplet dynamics in electrowetting on dielectric devices. Langmuir, 2010, 26 (24): 19230-19238.
[25] Berthier J. Microdrops and Digital Microfluidics. Norwich: William Andrew, 2008.
[26] Berthier J, Clementz P, Raccurt O, et al. Computer aided design of an EWOD microdevice. Sensors and Actuators A: Physical, 2006, 127 (2): 283-294.
[27] Berthier J, Brakke K A. The Physics of Microdroplets. Beverly: Scrivener-Wiley Publishing, 2012.

第 3 章　数字微流控芯片的加工工艺

3.1　数字微流控芯片的整体结构

数字微流控芯片主要有两种结构：开放式结构（单平板）[1]和封闭式结构（双平板）[2]（图 3.1）。在开放式结构中，驱动电极和地电极处于同一基板上；而在封闭式结构中，由上、下两板组成，通常上板作为地电极，一般由导电氧化铟锡（ITO）组成，下板作为驱动电极，包含一系列电极阵列。开放式结构由于是单平板模式，更易于连接外部检测器件，并且其对大液滴的操纵能力更强。但因为处在开放的空气环境中，因此难以实现液滴的分裂及生成，并且液滴容易挥发，样品容易污染。而封闭式结构中，液滴和芯片形成三明治结构，存在结构对驱动液滴的剪切力，可以实现各种液滴操作功能，如液滴的生成、分裂、混合和移动。并且在封闭式芯片中，一般在上下两板间填充氟油或硅油，这样可以降低液滴操纵所需要的驱动电压，同时可以有效防止液滴挥发以及尽可能地避免液体间交叉污染。在一些设计中，也有将这两种结构结合的，使得液滴在单平板及双平板间连续驱动。

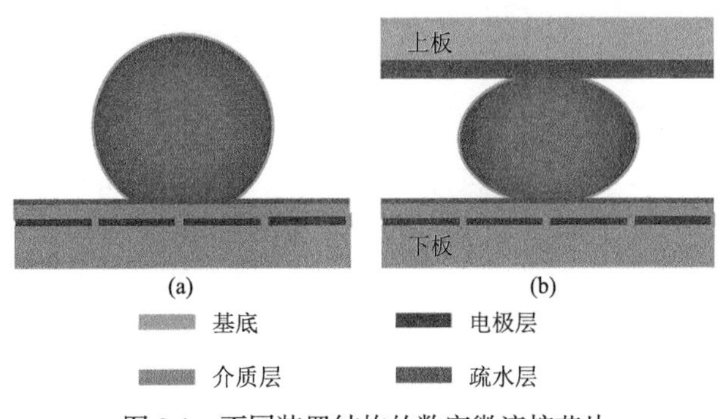

图 3.1　不同装置结构的数字微流控芯片

（a）开放式结构；（b）封闭式结构

3.2 数字微流控芯片的基本组成

数字微流控芯片一般由四个基本部分组成：基底、电极层、介质层和疏水层，需要根据实验需求选择合适的材料。

3.2.1 基底材料

基底作为芯片的支架，对芯片的加工过程以及电极阵列的设计有很大的影响，可以选作芯片基底的材料一般包括玻璃、硅、印刷电路板（printed circuit board, PCB）以及其他柔性材料，表 3.1 列出了目前数字微流控芯片常用的基底。其中，玻璃基底由于化学性能稳定、芯片加工精度高，且具有优良的光学特性、耐高温性和电绝缘性被广泛使用[3, 4]。然而由于其加工过程复杂且价格昂贵，在推广应用中受到了一定的限制。近年来，印刷电路板由于价格低廉、易加工且易批量生产，受到众多研究人员的推崇[5, 6]。且随着一次性芯片概念的提出，近年来发展一次性基片的数字微流控设备成为一大热点。纸是芯片制造中最常见的一次性基底[7-11]，虽然在纸上制备电极层有一定的难度，但是其成本低并且易批量生产，能够满足芯片的一次性使用，使得纸基芯片越来越受欢迎。大部分研究中通过丝网印刷在纸基基底上制备电极，后期为了提高电极的分辨率以及使得制备过程得以自动化，采用注射打印的方法制备。除此之外，聚酯薄膜以及其他一些柔性材料[5]也可以用作数字微流控的基底。

表 3.1 数字微流控芯片基底材料及优缺点

基底材质	优点	缺点
玻璃	液滴移动顺畅，芯片精度高，可重复使用	成本高
印刷电路板	成本低，易加工	驱动电压高，芯片精度差
ITO 玻璃	透光性好，芯片精度高	加工复杂，成本高
纸	成本低，易加工	芯片精度差
聚酯薄膜	成本低，透光性好	芯片精度差

3.2.2　电极层材料

电极层材料需满足导电性能好、能很好地附着于基底上，并且能与微加工技术兼容等条件。一般常用的电极层材料有重掺杂多晶硅、金属及其氧化物。重掺杂多晶硅通常采用化学气相沉积方法制备，并经过刻蚀工艺形成所需要的驱动微电极，该方法能与微加工技术兼容，但是由于制备工艺复杂、过程烦琐等原因，限制了重掺杂多晶硅的使用。金属材料通常采用 Au、Cu、Al、Pt 等[12-14]化学性质稳定并且有很强导电性的重金属，为了使重金属和基底之间可以更好地黏合在一起，一般需要在重金属和基底之间增加一层金属过渡层。Au 作为最早使用的电极层材料，具有良好的化学稳定性，使用 Au 作电极层材料时具体制作工艺为：首先蒸发沉积一层 Au/Cr 层，其中 Cr 作为黏附层以增加 Au 与基底的黏附。电极图形可以采用表面剥离法或刻蚀法形成。Au 作为电极层材料的缺点是加工微图案困难，而且价格相对较高。Cu 也是一种常用的电极材料，其负载电流的能力强，制作工艺成熟并且价格比较低，但高温情况下易被氧化。Al 也是一种常用的电极层材料，通常使用蒸发沉积法制备。Al 金属层的制备工艺成熟，成本低廉，可以与微加工技术兼容，但是研究发现其重复性比较差，经过几次施压之后，电极表面容易击穿，影响芯片的实际使用。Pt 由于化学惰性，是非常理想的电极层材料。但是，Pt 电极图形加工困难，成本昂贵。ITO[15]具有高的电导率、机械性能好、可见光透过率高、化学稳定性强且价格便宜，但制作电极图案较复杂（表 3.2）。

表 3.2　数字微流控芯片电极层材料及优缺点

材料	优点	缺点
重掺杂多晶硅	与微加工技术兼容	制备工艺复杂，过程烦琐
Au	化学性质稳定	加工复杂，价格昂贵
Cu	制作工艺成熟，价格较低	易氧化
Al	制备工艺成熟，成本低廉	易击穿
Pt	化学性质稳定	加工困难，成本昂贵
ITO	电导率高，价格便宜	加工复杂

3.2.3 介质层材料

介质层主要是用于积累电荷，使液滴在操纵过程中可以防止电极击穿。在液滴操纵过程中所需的电压与介质层材料的介电常数密切相关，并且呈反比关系，即当介质层的介电常数越高时，其驱动液滴所需要的电压就越低，因此为了降低电压，应尽量使用介电常数高的材料作为介质层。此外，为了防止在施加高压或长时间驱动液滴时造成介质层击穿的现象，可以对介质层厚度进行优化。常用介质层材料有 SiO_2[16]、Si_3N_4[17]、Al_2O_3[18]、聚二甲基硅氧烷（polydimethylsiloxane，PDMS）[19]和 SU-8 光刻胶[20]、聚对二甲苯（parylene）材料[21-27]等。其中，SiO_2 具有很好的电绝缘性、加工工艺成熟并且它的电学性能很好，形成的薄膜均匀性好。但是 SiO_2 的介电常数只有 2.7（表 3.3），当使用二氧化硅作为介电润湿中介质层的时候需要足够大的电压才能驱动微液滴。而 Si_3N_4 具有非常好的绝缘性能和机械耐磨性，耐高温性好，其介电常数为 7.8，拥有相当高的介电强度，但制备的氮化硅薄膜上有较多的颗粒而且均匀性不好，容易发生漏电使介质层击穿。Al_2O_3 具有良好的黏结性、电绝缘性好、很好的抗高温性能，是作为介质层非常好的一种材料，但是其加工复杂。PDMS 是一种无毒、不易燃、制作简单且快速的有机硅高分子化合物，与玻璃片之间具有良好的黏附性，化学惰性、绝缘性都非常好，因此成为一种广泛应用于微加工领域的聚合物材料，目前很多学者使用 PDMS 进行了基于介质上电润湿的研究[28, 29]。SU-8 光刻胶是近几年应用非常广泛的新型光刻胶材料。由于其具有良好的力学性能、绝缘性能、光学性能、化学性能等特点，可以用来作为介质层[30]。Parylene 材料，电学性能好、耐热性强，具有非常好的化学稳定性，是一种具有聚二甲撑苯撑结构的聚合物薄膜，一般使用化学气相沉积法制备得到。采用真空热解气相堆积工艺制备得到非常薄的薄膜，通常作为涂层被使用。Parylene 薄膜的形成过程如下：①在 150℃下固态环二体吸热升华，形成气态环二体并进入裂解炉；②裂解炉中的温度在 680℃左右，气态环二体在高温下 C—C 键断开，裂解为稳定的单分子，每个单分子都带有两个游离基团；③单分子吸附在真空沉积室内的目标基底上，两个游离基团单分子通过电子配对作用吸引从而聚集，最终聚合形成线形高分子聚合物。

表 3.3　数字微流控芯片介质层材料介电常数

介质层材料	SiO_2	Si_3N_4	Al_2O_3	PDMS	SU-8	Parylene-C
介电常数	2.7	7.8	9	2.8	3	3.15

3.2.4　疏水层材料

疏水层主要用于降低液滴驱动阻力以及增大液滴的接触角。通常选择 Teflon-AF[2, 18, 31]和 CYTOP[4, 32, 33]。Teflon-AF 具有良好的化学稳定性、透光性、电学特性等，被广泛应用在介电润湿的研究中[34, 35]。它的主要成分是 4, 5-二氟-双-（三氟甲基）-1,3-二氧唑（perfluoro-2,2-dimethyl-1,3-dioxole，PDD）和四氟乙烯（tetrafluoroethylene，TFE），通常与 FC-40[3]混合配制不同质量分数的 Teflon-AF 1600 溶液。在介电润湿中形成的薄膜疏水性非常高，微液滴的接触角能达到 110°～120°。CYTOP 材料具有高透过率、良好的电气特性、高透明性等性质，有研究表明[36]，以 CYTOP 疏水材料作为疏水层，其接触角能够达到 106°～112°。表 3.4 列出了不同疏水材料相关性能指标。

表 3.4　不同疏水材料相关性能指标

性能	Teflon-AF 1600	CYTOP
介电常数	1.93	2.1
介电强度/（10 kV/mm）	2.1	11
透光率/%	>95	95
折射率	1.31	1.34
临界表面张力/（$10^{-5}N/cm^3$）	15.7	19
吸水率/%	<0.01	<0.01

3.3 数字微流控芯片的制作

常见的以玻璃和印刷电路板为基底的数字微流控芯片的加工过程主要包括电极层、介质层、疏水层的制作。由于涉及微纳加工技术，要求制作过程需要在洁净室中进行，需要对空气湿度、温度以及存在的颗粒密度进行严格的控制。

3.3.1 玻璃基底芯片的制作

在以玻璃为基底的数字微流控芯片中，电极加工方法是在玻璃基底上，通过磁控溅射方法铺上一层金属导电层，再通过光刻和刻蚀的方法按照所设计的电极图案形成一系列的电极阵列。之后通过在电极阵列上旋涂介质层和疏水层，完成芯片的制作。电极层涉及的微纳加工技术的基本过程包括镀膜、涂胶、光刻、显影、刻蚀和去胶等步骤（图 3.2）。

1. 镀膜方法

在玻璃基底上构建的金属导电层，经过微纳加工后可形成电极阵列。在作者实验室中使用的金属导电层主要由铬构成，通过磁控溅射方法形成薄膜，磁控溅射的基本原理是利用 $Ar\text{-}O_2$ 混合气体中的等离子体在电场和交变磁场的作用下，被加速的高能粒子轰击靶材表面，能量交换后，靶材表面的原子脱离原晶格而逸出，转移到基底表面而成膜。磁控溅射的特点是成膜速率高、基片温度低、膜的黏附性好，可实现大面积镀膜。该技术可以分为直流磁控溅射法和射频磁控溅射法。

2. 光刻掩模

光刻掩模板，是微纳加工技术常用的光刻工艺所使用的图形母板。掩模上承载有设计的图形，当光线透过掩模板时，会直接把设计图形透射在光刻胶上。如图 3.3 所示，掩模板主要有正向掩模板和反向掩模板两种结构，以不透光区为图形的掩模板称为正向掩模板，以透光区为图形的掩模板称为负向掩模板。而光刻胶也有正负之分，受特定波长光束照射而被刻蚀的光刻胶称为正胶，反之称为负胶。所以，掩模与光刻胶有四种组合方式，可以通过不同的组合，将掩模图形透射到基底的光刻胶上，再经过显影、刻蚀等工艺过程得到图形。

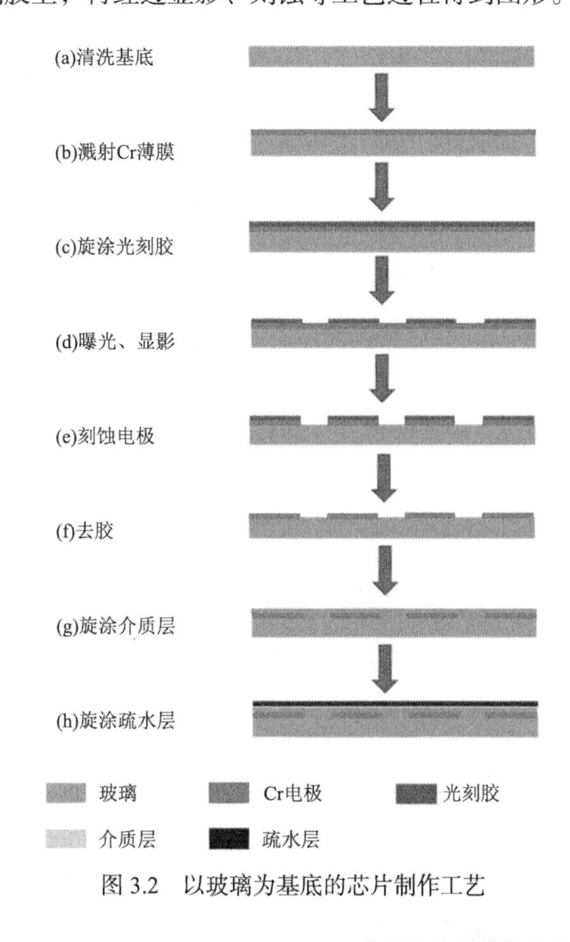

图 3.2　以玻璃为基底的芯片制作工艺

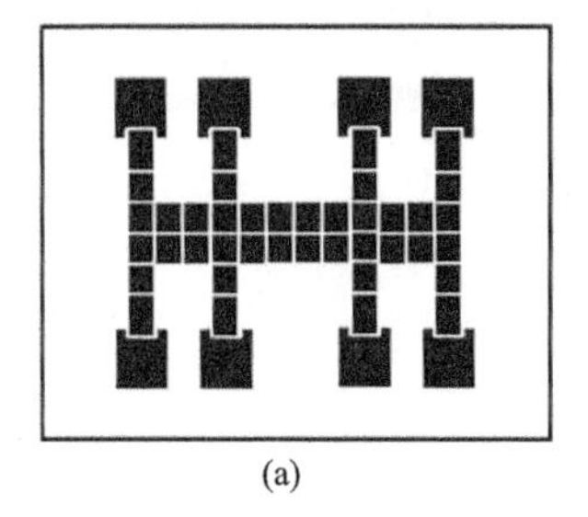

(a)

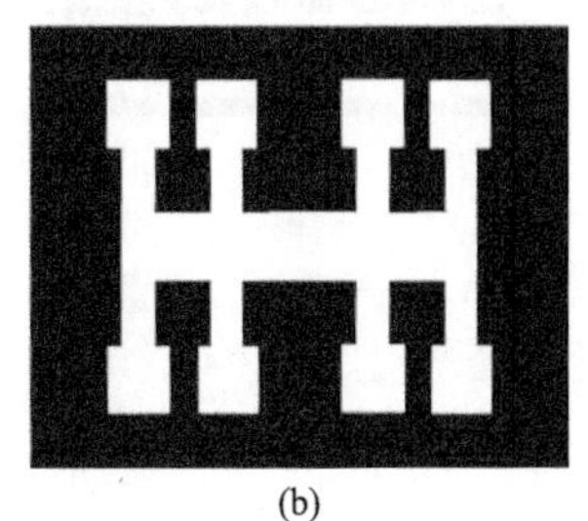

(b)

图 3.3　不同结构的掩模板

（a）正向掩模板；（b）负向掩模板

3. 光刻方法

光刻是利用掩模板上的图形，通过光化学反应，将图案转移到覆盖在玻璃或硅片上的感光薄膜层上的一种加工工艺。光刻技术可简单分为普通光刻（lithography）和软光刻（soft lithography）技术。普通光刻技术来源于半导体制造业，其主要原理是将一种特殊的光抗蚀剂（简称光刻胶），涂覆在特殊基底上，使用特殊光源，对特殊区域进行光照。光刻胶在感光后发生溶解或固化，从而将特殊图形留在光抗蚀剂上，形成耐腐蚀层。之后对图案区域进行加工，如湿法刻蚀、干法刻蚀、基底生长等，将图案加工到特殊基底上，从而形成芯片。软光刻技术与光刻技术类似，都是使用光刻胶，通过光照将图案留在光刻胶上。此时，无须对基底进行再加工，而是直接将软性材料放置在光刻胶图形上，将光刻胶作为模板，将图形翻转到软质材料上，再对软质材料进行固化处理，从而制作出相应的芯片。一般的光刻工艺包括：基底预处理、旋涂光刻胶、前烘、曝光、显影、坚膜等工序（图 3.4）。

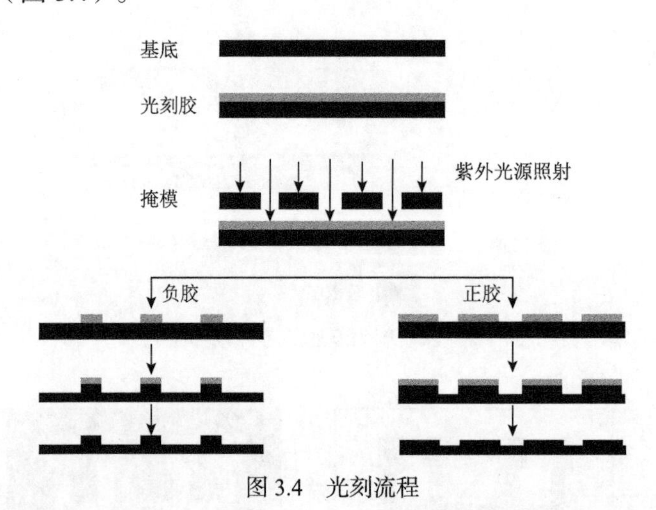

图 3.4　光刻流程

1）基底预处理

通过清洗液清洗除去基底表面的污染物，再将其烘干，除去水蒸气，增强基底表面的黏附性，使光刻胶与基底表面能更好地黏附。

2）旋涂光刻胶

通过旋转涂覆法在处理过的基底表面均匀地涂上一层黏附性好的光刻胶。一般旋涂光刻胶的厚度与光刻胶的黏度、旋转速度相关，光刻胶的黏度越小，得到光刻胶的厚度越薄；旋转速度越快，其厚度越薄。

3）前烘

前烘是为了除去光刻胶中的溶剂，它能增强光刻胶与基底之间的黏附以及使胶膜更加耐磨，从而增加胶膜在显影液中的浸泡能力，保证在曝光时能进行充分的光化学反应。

4）曝光

在涂有光刻胶的基底上放置设计的掩模板，利用紫外光刻机对特殊区域进行光照遮挡。使用紫外线等透过掩模对光刻胶进行选择性照射，使掩模上的图案复制到光刻胶上。有掩模板的区域被保护，无掩模板的区域则被光源照射进行反应，从而改变光照部位光刻胶的性质。

5）显影

显影是将曝光后的基底，经过一定的处理后，放于显影液中，将光照部分（正性光刻胶）或者保护部分（负性光刻胶）洗去，呈现出掩模设计的图案。

6）坚膜

坚膜是将显影后的基片进行清洗后在一定温度下烘烤，以彻底除去显影后残留于胶膜中的溶剂或水分，使胶膜与基片紧密黏附，防止胶层脱落，并增强胶膜本身的抗蚀能力。一般坚膜温度在 150～200℃之间，时间为 20～45 min。

4. 刻蚀方法

刻蚀是以坚膜后的光刻胶作为掩蔽层，通过化学或物理方法将被刻蚀物质剥离下来，以得到期望图形的刻蚀方法。根据刻蚀液的不同，可将腐蚀工艺分为湿法刻蚀和干法刻蚀两种。湿法刻蚀是通过化学刻蚀液和被刻蚀物质之间的化学反应将被刻蚀物质剥离下来的刻蚀方法。大多数湿法腐蚀是不容易控制的各向同性腐蚀（各向同性刻蚀和各向异性刻蚀的区别见图 3.5），其特点是选择性高、均匀性好、对硅片损伤少，几乎适用于所有的金属、玻璃、塑料等材料。缺点是图形保真度不强，刻蚀图形的最小线宽受到限制。干法腐蚀是指利用高能束与表面薄膜反应，形成挥发性物质，或直接袭击薄膜表面使之被腐蚀的工艺。其最大的特点是能实现各向异性刻蚀，即纵向的刻蚀速率远大于横向刻蚀的速率，从而保证细小图形转移后的保真性，但是设备价格较为昂贵。湿法刻蚀和干法刻蚀的比较见表 3.5。

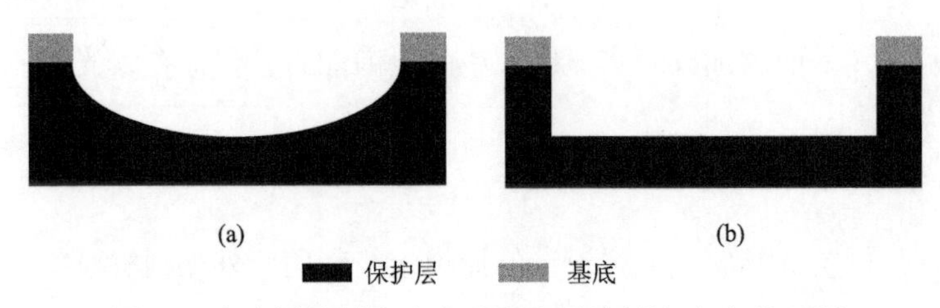

图 3.5　各向同性刻蚀（a）和各向异性刻蚀（b）的区别

表 3.5　湿法刻蚀（各向同性）与干法刻蚀（各向异性）的比较

参数	湿法刻蚀	干法刻蚀
存在腐蚀	高	高
方向性	单晶硅材料	大多数材料
腐蚀速率	快	慢
腐蚀均匀性	适中	适中
材料选择性	普适	仅对特定材料
光刻胶掩模	某些材料不能用	适用
临界尺寸控制	差	好
设备成本	低	高

5. 去胶方法

刻蚀结束后，需要设法把这层无用的胶膜去掉，这一工序称为去胶。去胶主要有下列几种方法：①溶剂去胶；②氧化去胶；③等离子去胶。除此之外，还有紫外线分解去胶法，即在强紫外线照射下，使光刻胶分解为 CO_2、H_2O 等挥发性气体而被除去。

3.3.2　印刷电路板基底芯片的制作

印刷电路板基底的下板采用 Altium Designer 实现电极的图形化，并结合印刷电路标准工艺进行加工。首先在芯片上沉积一层介质层，之后在介质层上旋涂疏水层（图 3.6）。作者实验室使用的以印刷电路板为基底的芯片的介质层为 Parylene-C，采用化学气相沉积法制备。化学气相沉积是将固体物质变为气态，在气态状态下在气相空间里发生反应，反应完成后再生成固态物质，沉积在物质表面生成一层固态薄膜的过程。化学气相沉积的实现有四个步骤，分别是：将固体物质变为气态、发生化学反应生成固态物质、将固态物质转移到目标沉积物质表层和在物质表层沉积。化学气相沉积技术有很多优势，整个过程不需要任何外加的催化剂，所得介质层几乎没有杂质，纯度极高；在常温下即可完成沉积；形成的介质层厚度均匀，而且厚度可以准确地控制在一定范围内；几乎可以在任何固体物质上完成沉积等。应用化学气相沉积技术制备 Parylene-C 的介质层原理是将固态环二体加热成为气体，然后将其抽入分解炉中加热至 650℃，气态环二体的两条碳碳链断开，形成自由的气态基团，在电子间的吸引力作用下，气态基团发生聚合反应形成 Parylene-C 分子，并以每小时 5 μm 左右的速度沉积在芯片电极表层，形成的介质层厚度均匀且没有杂质，并可以通过控制沉积时间来控制介质层的厚度。疏水层的制备同玻璃芯片一致。

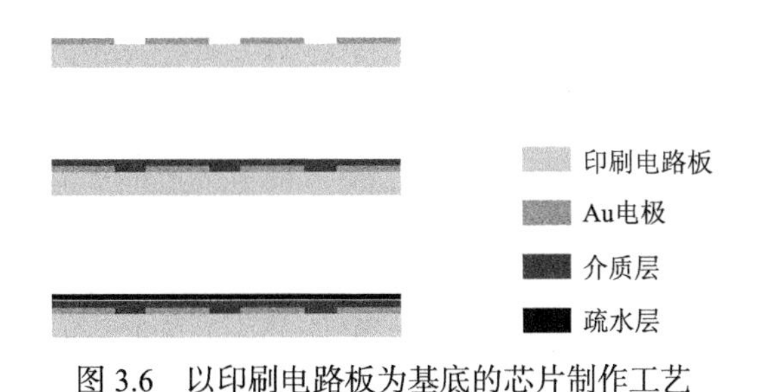

图 3.6　以印刷电路板为基底的芯片制作工艺

3.3.3　上板的制作

芯片的上板采用镀有一层氧化铟锡合金的 ITO 导电玻璃，经过预处理后，在等离子体清洗机中进行等离子体表面活化。具体机理为：在等离子体清洗机内，氧气被辉光激发成高能氧等离子体，轰击芯片表面形成羟基，而后旋涂疏水层就能实现脱水粘连。之后旋涂 100 nm 厚的 50%浓度的 Teflon-AF 疏水层，疏水层厚度与旋涂转速、时间相关。旋涂完之后将芯片置于 160℃的加热板上加热 15 min，最后慢慢冷却至室温即可。

3.4 小　结

数字微流控芯片加工技术得益于材料科学、微纳米加工技术和微电子学的飞速发展，在近二十年从无到有，实现了数字微流控芯片加工技术体系的基本成型。并且结合其使用电信号作为驱动力，易于与微电子器件集成的特点，形成了以 PCB 芯片为主体载体的商业化芯片生产，并广泛地应用于各个分析领域。

我国在数字微流控领域的研究起步较晚，大部分工作仍停留在器件的加工和理论研究的阶段。但是现阶段已有部分研究团队开始尝试了一些商业化探索，并在多个相关的分支领域积累了优势。相信经过不懈的努力，数字微流控芯片的加工会更加成熟，数字微流控芯片的商业化应用将会很快蓬勃发展起来。

参考文献

[1] Berthuy O I, Blum L J, Marquette C A. Cancer-cells on chip for label-free detection of secreted molecules. Biosensors, 2016, 6 (1): 2-9.

[2] Pollack M G, Shenderov A D, Fair R B. Electrowetting-based actuation of droplets for integrated microfluidics. Lab on a Chip, 2002, 2 (2): 96-101.

[3] Moon H, Wheeler A R, Garrell R L, et al. An integrated digital microfluidic chip for multiplexed proteomic sample preparation and analysis by MALDI-MS. Lab on a Chip, 2006, 6 (9): 1213-1219.

[4] Lin Y Y, Evans R D, Welch E, et al. Low voltage electrowetting-on-dielectric platform using multi-layer insulators. Sensors and actuators B: Chemical, 2010, 150 (1): 465-470.

[5] Abdelgawad M, Freire S L, Yang H, et al. All-terrain droplet actuation. Lab on a Chip, 2008, 8 (5): 672-677.

[6] Gong J, Kim C J. All-electronic droplet generation on-chip with real-time feedback control for EWOD digital microfluidics. Lab on a Chip, 2008, 8 (6): 898-906.

[7] Martinez W A, Phillips T S, Whitesides G M. Diagnostics for the developing world: microfluidic

paper-based analytical devices. Analytical Chemistry, 2010, 82: 3-10.
[8] Abadian A, Jafarabadi-Ashtiani S. Paper-based digital microfluidics. Microfluid Nanofluidics, 2014, 16 (5): 989-995.
[9] Yafia M, Shukla S, Najjaran H. Fabrication of digital microfluidic devices on flexible paper-based and rigid substrates via screen printing. Journal of Micromechanics and Microengineering, 2015, 25 (5): 057001.
[10] Ko H, Lee J, Kim Y, et al. Active digital microfluidic paper chips with inkjet-printed patterned electrodes. Advanced Materials, 2014, 26 (15): 2335-2340.
[11] Fobel R, Kirby A E, Ng A H, et al. Paper microfluidics goes digital. Advanced Materials, 2014, 26 (18): 2838-2843.
[12] Muller P, Kopp D, Llobera A, et al. Optofluidic router based on tunable liquid-liquid mirrors. Lab on a Chip, 2014, 14 (4): 737-743.
[13] Yu Y, Chen J, Zhou J. Parallel-plate lab-on-a-chip based on digital microfluidics for on-chip electrochemical analysis. Journal of Micromechanics and Microengineering, 2014, 24 (1): 015020.
[14] Fan S K, Hsu Y W, Chen C H. Encapsulated droplets with metered and removable oil shells by electrowetting and dielectrophoresis. Lab on a Chip, 2011, 11 (15): 2500-2508.
[15] Fan S K, Hashi C, Kim C J. Manipulation of multiple droplets on N_xM grid by cross-reference ewod driving scheme and pressure-contact packaging. IEEE the Sixteenth International Conference on Micro Electro Mechanical Systems, 2003.
[16] Vallet M, Berge B, Vovelle L. Electrowetting of water and aqueous solutions on poly(ethylene terephthalate) insulating films. Polymer, 1996, 37 (12): 2465-2470.
[17] Berthier J, Clementz P, Raccurt O, et al. Computer aided design of an EWOD microdevice. Sensors and Actuators A: Physical, 2006, 127 (2): 283-294.
[18] Chang J H, Choi D Y, Han S, et al. Driving characteristics of the electrowetting-on-dielectric device using atomic-layer-deposited aluminum oxide as the dielectric. Microfluid Nanofluidics, 2009, 8(2): 269-273.
[19] Kuo J S, Spicar-Mihalic P, Rodriguez I, et al. Electrowetting-induced droplet movement in an immiscible medium. Langmuir: the ACS Journal of Surfaces and Colloids, 2003, 19: 250-255.
[20] Mach P, Krupenkin T, Yang S, et al. Dynamic tuning of optical waveguides with electrowetting pumps and recirculating fluid channels. Applied Physics Letters, 2002, 81: 202-204.
[21] Welters W J J, Fokkink L G J. Fast electrically switchable capillary effects. Langmuir: the ACS Journal of Surfaces and Colloids, 1998, 14: 1535-1538.
[22] Verheijen H J J, Prins M W J. Reversible electrowetting and trapping of charge: model and experiments. Langmuir: the ACS Journal of Surfaces and Colloids, 1999, 15: 6616-6620.
[23] Peykov V, Quinn A, Ralston J. Electrowetting: a model for contact-angle saturation. Colloid and Polymer Science, 2000, 278: 789-793.
[24] Prins M W J, Welters W J J, Weekapm J W, et al. Fluid control in multichannel structures by electrocapillary pressure. Science, 2001, 291(5502): 277-280.
[25] Jones T B, Wang K L. Frequency-dependent electromechanics of aqueous liquids: electrowetting

and dielectrophoresis. Langmuir: the ACS Journal of Surfaces and Colloids, 2004, 20: 2813-2818.

[26] Wang K L, Jones T B. Frequency-dependent bifurcation in electromechanical microfluidic structures. Journal of Micromechanics and Microengineering, 2004, 14 (6): 761-768.

[27] Bienia M, Mugele F, Quilliet C, et al. Droplets profiles and wetting transitions in electric fields. Physica A: Statistical Mechanics and Its Applications, 2004, 339 (1-2): 72-79.

[28] Shabani R, Cho H J. A micropump controlled by EWOD: wetting line energy and velocity effects. Lab on a Chip, 2011, 11 (20): 3401-3403.

[29] Virgilio V D, Castaner L. Comparison of static contact angle change and relaxation in EWOD devices. Proceedings of the 2009 Spanish Conference on Electron Devices, 2009.

[30] Chang Y J, Mohseni K, Bright V M. Fabrication of tapered SU-8 structure and effect of sidewall angle for a variable focus microlens using EWOD. Sensors and Actuators A: Physical, 2007, 136 (2): 546-553.

[31] Papageorgiou D P, Tserepi A, Boudouvis A G, et al. Superior performance of multilayered fluoropolymer films in low voltage electrowetting. Journal of Colloid and Interface Science, 2012, 368: 592-598.

[32] Li Y, Parkes W, Haworth L I, et al. Room-temperature fabrication of anodic tantalum pentoxide for low-voltage electrowetting on dielectric (EWOD). Journal of Microelectromechanical Systems, 2008, 17: 1481-1488.

[33] Huang L X, Koo B, Kim C J. Sputtered-Anodized Ta_2O_5 as the dielectric layer for electrowetting-on-dielectric. Journal of Microelectromechanical Systems, 2013, 22: 253-255.

[34] Kang H, Kim J. EWOD (electrowetting-on-dielectric) actuated optical micromirror. IEEE International Conference on Micro Electro Mechanical Systems, 2006: 742-745.

[35] Chung S K, Zhao Y, Yi U C, et al. Micro bubble fluidics by EWOD and ultrasonic excitation for micro bubble tweezers. IEEE International Conference on Micro Electro Mechanical Systems, 2007.

[36] Chae J B, Kwon J O, Yang J S, et al. Optimum thickness of hydrophobic layer for operating voltage reduction in EWOD systems. Sensors and Actuators A: Physical, 2014, 215: 8-16.

第 4 章　数字微流控硬件控制系统

数字微流控是一种以电信号作为驱动手段的微液滴操纵系统，相比于传统微流控体系，它的最大特征在于能够对离散液滴进行精确可控的操纵。因此，准确可靠的数字微流控驱动和控制技术是数字微流控发展的核心部分，已经成为该领域的研究热点，目前已经产生了各种关于数字微流控硬件控制系统的新方法和新结构。硬件控制系统主要由仪器、芯片和接口三部分组成，本章将分别详细介绍。

4.1　数字微流控仪器

4.1.1　数字微流控仪器的发展

数字微流控仪器作为液滴驱动的控制装置，是数字微流控的重要组成部分之一。其是数字微流控体系中控制信号的发出端，通过输出直流或交流电压控制数字微流控芯片上液滴的运动。早期数字微流控芯片上液滴控制实验正是基于这一简单回路而实现的，并使用电子学领域中的仪器进行数字微流控仪器搭建，如图 4.1 所示。其中，函数信号发生器作为信号发生装置，输出具有一定频率的正弦波形。之后将该信号输入至高压功率放大器中，使信号在不失真的情况下将电压提升至可实现液滴驱动的范围。最后，通过接触式引线将放大过的信号施加到芯片电极单元上，从而实现液滴的驱动。

然而，这种仪器只能通过手动接触进行控制，且一次只能实现一路或几路的电极单元同时控制，既不易于操纵，又限制了液滴控制的通量。因此，后续发展出了专门的控制模块对数字微流控芯片进行控制，其结构如图 4.2 所示。该控制模块在接入放大器输出的高压信号后，可以通过定制的继电器开关经由自定义连接器导入数字微流控芯片上的单个电极，实现指定电极的多路输出。

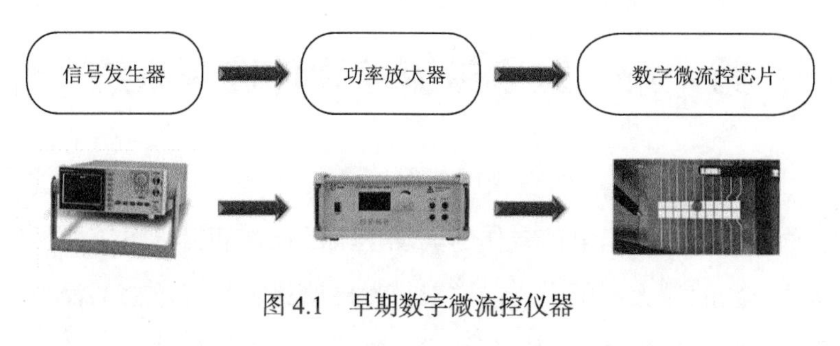

图 4.1　早期数字微流控仪器

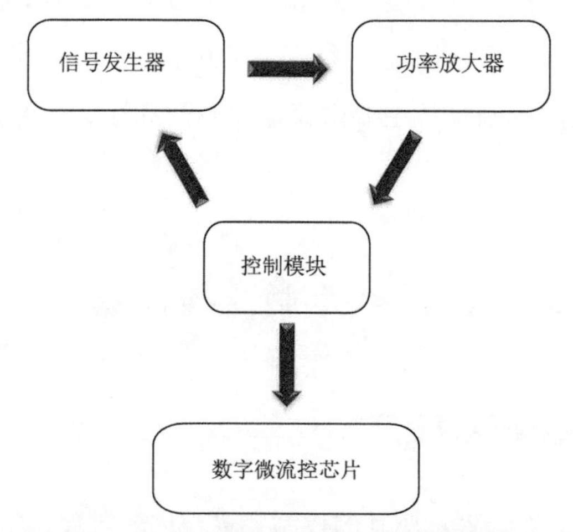

图 4.2　带有控制模块的数字微流控仪器

4.1.2　商业化数字微流控仪器

在经过近二十年的发展，数字微流控技术逐渐成熟，理论也逐渐完善，近几年国内外涌现出诸多商品化产品，将数字微流控技术推向市场。尽管数字微流控技术逐渐成熟，但该技术仍存在加工成本高、技术要求高、仪器开发难度大等诸多问题待解决，这也大大限制了该技术的普及。目前仍然有许多科研工作者致力于解决这些问题，带领数字微流控技术走出实验室，走进人们的日常生活，实现在即时检测、食品安全、环境监测、生化分析等领域的广泛应用。

1. Dropbot 平台

Dropbot是加拿大多伦多大学Wheeler课题组研发的一种用于液滴处理和操纵的数字微流控平台，它可以跟踪液滴的位置和速度，允许对液滴进行闭环控制，实现了高度的集成化和自动化[1]。该平台主要分为两个部分——硬件部分和软件部分，硬件部分主要由控制箱、弹簧顶针（pogo-pin）、摄像头、高电压放大器和数字微流控装置组成（图 4.3），用于连接数字微流控芯片与高压电源实现芯片上的液滴操纵，根据实验需求还可以对实验数据进行采集和输出。而软件部分主要用于程序化控制液滴的运动参数，包括设置驱动电极的位置和施加电压的强度以及液滴的速度。这种设计无须专业技术要求，降低了数字微流控的操作门槛，即使是没有电气工程和编程背景的人也可以对数字微流控平台进行自如的操纵。值得一提的是，Dropbot 平台的硬件和软件是开源性的，也是首个开源性数字微流控控制系统。顾名思义，Dropbot 平台的硬件设计原理图和软件源代码完全公开，可以最大限度地对该平台进行利用和传播，且可以针对不同的用户定制适合的仪器，从而降低了新实验室的研究门槛。

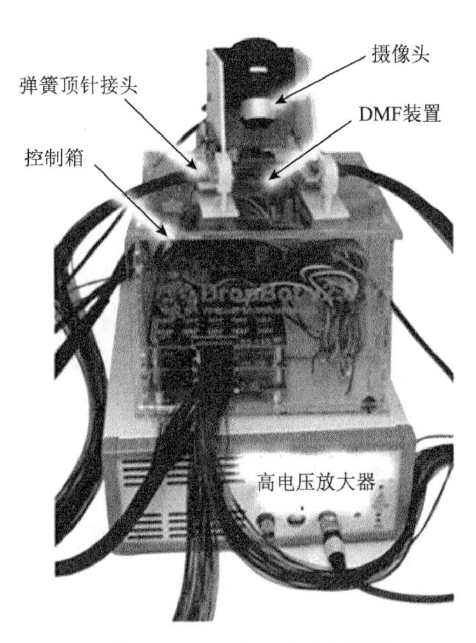

图 4.3　Dropbot 平台装置图

Wheeler 课题组将 Dropbot 进行模块化设计，通过标准化的通信接口将其与其他硬件进行连接，以插件的形式与其他软件连接；Dropbot 平台能够实现多达 120 个通道的独立操作，可提供动态阻抗传感信息，实时监测液滴的位置、速度和静电驱动力。因此，Dropbot 平台在细胞的培养与分析、复杂样品的预处理及电化学发光分析等方向有较大的应用潜力。

2. OpenDrop 平台

OpenDrop 是由一个开放研究团队 Gaudi 团队研发的数字微流控平台，首次在 2017 年微流控年会上展示。该平台利用介电润湿的原理控制微小液滴的运动，在芯片上实现小体积反应，可应用于芯片实验室中的数字生物自动化过程。同样作为一种开放性的平台，OpenDrop 支持操作硬件所需的所有设计文件和软件都在开放许可下共享。为了降低其他实验室对数字微流控的研究门槛和成本，该团队秉持着 DIY 模式和低成本的理念，尽可能使用市场上标准化组件、材料和生产过程，将设备运行的成本最小化，以避免个别客户无法使用部件或需要支付昂贵的安装费用。

Gaudi 团队最早是从印刷电路板上的电润湿实验开始研究数字微流控平台，通过 Arduino UNO 控制晶体管对电极供电。经过短短两三年的时间，Gaudi 团队已经在数字微流控仪器构建上取得了重大进展。到目前为止，OpenDrop 平台已经更新到第三代。第一代是以印刷电路板作为电极层，通过可伸缩的电子控制和简单的涂布方法，实现了 DIY 模式和低成本理念。第二代采用两倍电压驱动芯片 HV507，并扩大了电极阵列，从原来的 8×8 电极阵列扩大到 16×8 电极阵列，每个电极 2.75 mm[2]。此外还增加了液体进样口、LED 显示屏、电压控制读取模块以及 wifi 模式。OpenDrop V3（图 4.4）是 OpenDrop 平台的最新版本，相比于前两代，第三代 OpenDrop 做出了重大的改进，具有许多新的特性。首先在电极方面，OpenDrop V3 采用镀金的电极阵列，将 14×8 电极阵列和 4 个储液槽集成到印刷电路板上，液滴可以停留在涂覆了疏水材料的薄膜上；在液滴驱动方面，该设备通过 USB-C 到 USB-A 电缆供电，运用软件设置驱动电压，可高达 300 V，支持交流和直流电压两种模式；OpenDrop V3 运用 32 位 AVR SAMD21G18 微处理器，拥有充足的内存和电源；增加了多音音频放大器和扬声器。

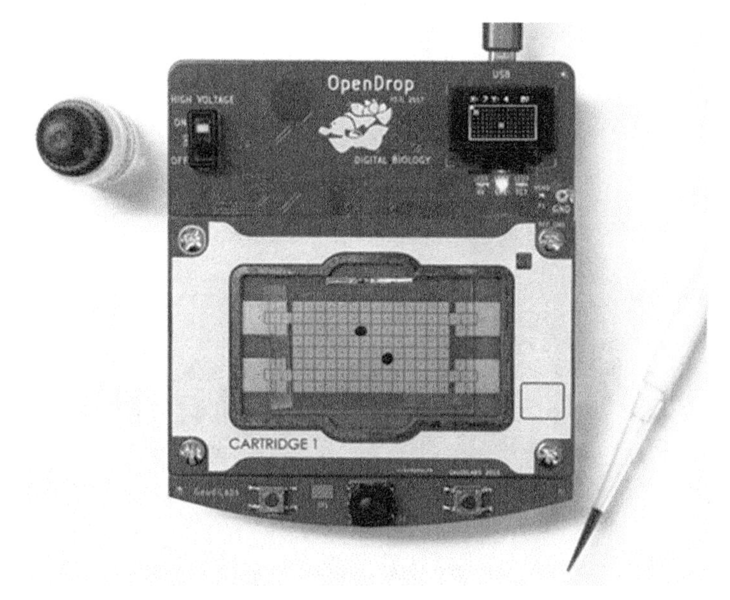

图 4.4　OpenDrop V3 设备装置图

利用介电润湿效应来移动液滴的关键是拥有一个超疏水性良好的滑动表面，市场上有不同的电润湿涂层材料，如氟化聚合物、特氟龙等，这些都是非晶型氟聚物，可通过自旋涂层或浸渍涂层沉积。Gaudi 团队最早只是使用了聚乙烯（polyethylene，PE）和厨房锡纸材料作为疏水材料，再在上面涂布 Rain-X——一种用于挡风玻璃的商用防雨剂。后来他们发现在简单的无上极板体系中利用保鲜膜和硅油组合作为疏水层是一个更好的选择。之后为了适应有上极板的体系，他们开发了更先进的解决方案，即使用聚四氟乙烯箔和氟化聚合物作为疏水材料。

3. ePlex 平台

ePlex 是美国 GenMark 公司研发的一种数字微流控平台，它具备高度的自动化特性，是目前市场上唯一一个从采样到应答的工作流系统。ePlex 秉承着为患者设计，为实验室优化的理念，经过精心设计，实现了高度的自动化和集成化。ePlex 根据实验室和医疗系统的多样化和不断变化的需求，结合客户反馈、自由定制和直观的用户界面，旨在开发一种更为高效和人性化的软件。为满足大多数机构的需求，

ePlex 系统提供了模块化和可伸缩的设计，通过一个简化的路径增加容量。目前 ePlex 拥有 5 种不同的仪器配置，测试通道最多可达到 24 个，其中 ePlex NP 每次可同时测试 12 个患者样本，而 ePlex 4 的配置超过了世界上任何一个从采样到应答平台。到目前为止，ePlex 一共更新过 4 次，每个版本都做出了重大的改进并引入了更多的增强功能，旨在提高每一个环节的效率。最新版本的 ePlex 4（图 4.5）提供了许多新功能，有助于提高以患者为中心的医疗服务效率，其具备 24 个通道，每天可检测 288 个患者样本，可自动进行质量监控，检测速度较 ePlex 1 提高了 4 倍。

图 4.5　ePlex 4 平台装置图

GenMark 公司主要有呼吸道病毒检测芯片、HCVg 直接检测、囊性纤维化基因分型、血栓形成倾向风险测试、华法林阻凝剂敏感性测试等。其中，GenMark eSensor 技术是基于竞争 DNA 杂交和电化学检测原理。其对目标生物标志物具有很高的特异性，并不基于荧光或光学检测。因此，诊断测试不太容易出现样本污染风险，也不需要耗时的清洗和准备步骤。

4. DBS 数字微流控平台

2010 年成立的上海衡芯生物科技有限公司（简称“衡芯生物”），是我国一家专注于开发数字微流控芯片、仪器及其应用的高新生物科技公司，在数字化微流控技术方面已经获得多项国际专利。自成立起至 2013 年，该公司依次完成了以硅为基底的微流控芯片和玻璃芯片的研发，并于 2014 年在中国、美国、欧盟、韩国等多个国家或地区获得双电极结构芯片的授权。2015 年，衡芯生物完成了与罗氏诊断的合作，实现了衡芯产品在手足口病、肺结核、乙肝等传染病检测中的应用。

该公司针对不同实验的需求对芯片进行不同的设计，为方便控制温度及光学测量，他们采用玻璃基底和透明电极；为实现微量样品的检测，他们设计的上板有玻璃和塑料两种形式，并且设有进样和取样孔。目前，衡芯生物生产的数字微流控设备主要有以下三种。

（1）基于数字微流控技术的定量 PCR（polymerase chain reaction，聚合酶链式反应）仪——DBS-qPCR HT（图 4.6）。作为一种高灵敏度的分子检测方法，定量 PCR 在生命科学研究、临床医疗检测等领域广泛应用，包括传染病的诊断与疗效评估，肿瘤标志物及其基因检测，优生优育检测，遗传基因检测，食品过敏源、转基因检测，动物疾病检测，法医鉴定，卫生检验检疫等。他们在芯片的不同区域设置 PCR 所需温度，通过移动液滴的方法对其进行 PCR，并可实现 16 个样本同时荧光检测。DBS-qPCR HT 的反应体积范围大，在 2～15 μL，可用于体积要求较大的传染病样本检测，又可用于对试剂成本较高或起始量较小的样本检测，在小体积时最快在 15 min 之内可完成 40 个 PCR 循环，具备高速、高效的特点。

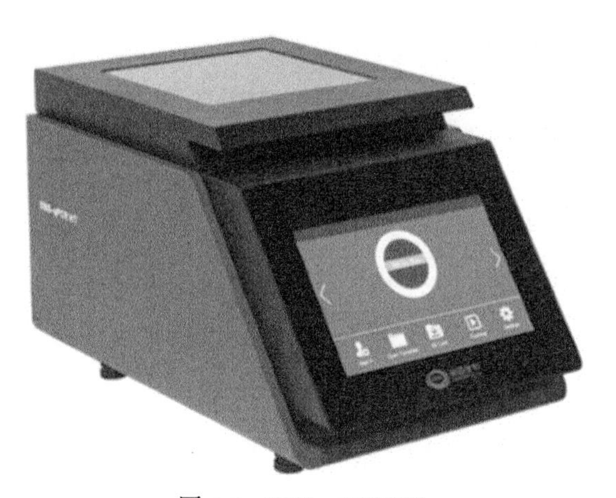

图 4.6　DBS-qPCR HT

（2）基于数字微流控技术的高通量测序自动建库仪——DBS-LibPrep，这是一个适用于 Illumina 测序平台的文库制备系统，用户只需完成加样和加试剂的操作，剩下的诸如酶切、末端修复、加腺嘌呤核苷酸尾、加连接头、PCR 以及磁珠清洗等过程均可由仪器自动完成。相比于传统的建库方法，DBS-LibPrep 最多可节省 95%的试剂用量。它操作简便，只需要一次性加样和一键操作，即可同时实现 4 个文库的制备，制备好的文库可直接用于上机测序。

（3）基于数字微流控技术的荧光定量 PCR 仪——DBS-3000 mini，是上海衡芯生物科技有限公司专门为基于液体工作站文库构建而设计的，集 DNA 扩增和定量于一体。DBS-3000 mini 有 16 个独立控制的反应通道，在扩增 DNA 的同时对样本的荧光强度进行实时测量，当样本的荧光强度达到阈值时，可以停止对该样本的温度循环，而其他样本的扩增可以继续进行。这样不管起始浓度差，建库结束后 16 个样本的浓度量级相当，保证了扩增后 16 个样本的均一性，从而提高了测序的质量。这台仪器可单独作为定量 PCR 仪或液体工作站的插件使用，在二代测序样本建库时，可对每个样本进行独立的 PCR 荧光监测与控制。

另外，该公司可提供数字微流控产品定制，自由选择功能模块，包括 1～5 个芯片温控模块（4～100℃），对芯片实现区域控温、1～4 个波长光激发，在芯片上可同时对 16 个液滴进行光激发和检测、芯片上的磁珠控制，用于对 DNA 或抗原的捕获、清洗和洗脱。可实现多种功能：①极速实时荧光定量 PCR；②高通量恒温荧光定量检测；③核酸样本预处理；④免疫荧光检测；⑤化学发光检测；⑥细胞分选；⑦基于 CRISPR 的核酸检测。

5. Digifludic 平台

迪奇孚瑞生物科技有限公司成立于 2018 年，主要以数字微流控技术为核心，以自动化核酸分析系统为主要产品，致力于开发精准自动化体外诊断设备，应用领域包括医疗疾病诊断、动植物病害检测、健康指标检测、进出口检验检疫、食品安全检测等。该公司应用的微流控技术来源于澳门大学的研究成果，在微型芯片上的液滴可以作为载体，承载各种化学生物反应试剂、细胞、蛋白质、DNA 和 RNA 等，使其可以被移动、分样、融合和控温，继而能够自动完成各种相关的测试反应。

迪奇孚瑞生物科技有限公司主要的芯片有传染病检测芯片、健康指标检测芯片、动植物病害检测芯片，以及虾类水产病毒病害检测芯片。这里主要介绍传染病检测芯片和动植物病害检测芯片。如图 4.7 所示，这两种芯片的外观基本一致，并且同时都可以为 12 个指标进行联合测试，一次可加样多个指标。传统的 PCR 流程在实际的操作中，需要进行样品制备、核酸提取、纯化、扩增、与标志物杂交等步骤，最后才能进行检测，这个过程耗时长、易污染、对操作人员和场地有较高的要求。而他们的芯片具有小型化、集成化、自动化的特点，一次可加样预存多个指标，在很大程度上解决了上述问题，省时省力，降低污染。针对传染病患者，他们可将多达 12 种的致病病原体试剂预存在芯片上，可一次检测出具体是哪种病原体致病，从而让患者接受更有针对性的治疗。这一过程耗时短，可以避免因未及时治疗而导致的病情恶化，也为患者提供便利，在家中便可以检测。而对于养殖业和农业业主十分友好，检测时间只需 30～60 min，方便业主实时掌握质量数据。

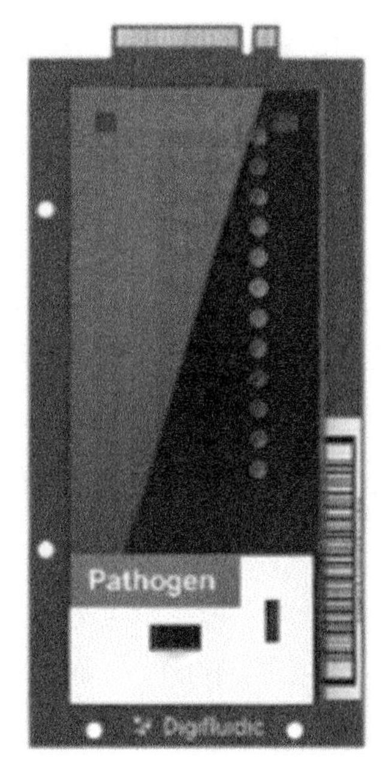

图 4.7　Digifludic 芯片

4.2　数字微流控芯片

数字微流控芯片是功能承载的主体，不同形式的芯片能够匹配不同功能需求的系统。数字微流控芯片通过对其上的电极施加电信号从而实现对目标液滴的操纵，因此，对于芯片的设计可以从芯片结构和电极规划两方面着手进行。在芯片结构方面，主要包括开放式的单平板和封闭式的双平板两种典型结构。而对于电极的设计，可分为分立式和组合式两种主要形式。

4.2.1　数字微流控芯片的结构形式

1. 单平板结构

单平板结构的数字微流控芯片仅有一个平板用以承载驱动电极，其上的液滴直接暴露于外界环境中，因此又称为开放式结构数字微流控芯片。早期的单平板数字微流控芯片是由一条或几条外接的引线与下板构成的，其原理是在驱动电极和地电极之间建立驱动液滴的电势差。引线作为与液滴接触的地电极，对液滴通电即可使与之接触的液滴从一个电极驱动到下一个电极[图 4.8（a）]。另外一种方法是将引线平行于下板放置，则液滴可在其所限制的一维直线上运动[图 4.8（b）]。

然而，这种芯片在制作时需要将引线安装在芯片对应的位置上，且需仔细对齐，组装难度较大。后续又开发了不使用引线的开放式芯片，这种芯片有两种形式：①埋藏引线式，将引线包埋至基板中[图 4.8（c）]；②无独立引线式，完全不需要引线，在液滴现所处电极和下一个电极之间建立电场，以此实现微液滴的操纵[图 4.8（d）]。Moon 等[2]采用无引线式的单平板结构芯片，其液滴所处电极和驱动路径上的下一个电极分别作为正负电极，利用液滴在两个电极上的接触面积的差异使得液滴两侧的接触角非对称，从而产生张力梯度驱动使液滴移动。作者利用该结构的芯片发展了一种微型载物运输系统，且输运速度可达约 2.5 mm/s。

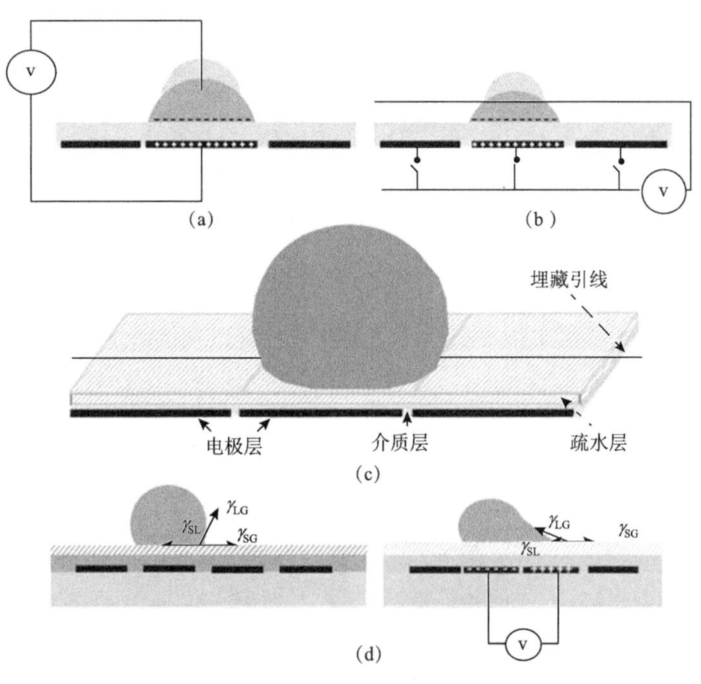

图 4.8　开放式单平板数字微流控芯片[3]

（a）、（b）外接引线的单平板结构芯片；（c）埋藏引线式单平板结构芯片；（d）无独立引线式单平板结构芯片

2. 双平板结构

在双平板结构数字微流控芯片中，引线由连接地电极的上平板代替。上平板通常为涂覆有疏水层的 ITO 玻璃。这种芯片的上下两个平板之间由一个支撑物间隔开，其间直接使用空气或填充油等不与液滴混溶的材料作为介质，驱动液滴则包裹在两平板之间，形成一个“三明治”结构。双平板结构的芯片可实现液滴的分配、移动、合并和分裂，且相较于单平板结构而言，包裹其中的液滴更加不易挥发。

4.2.2　数字微流控芯片的电极设计

1. 分立式

常规的数字微流控芯片采用分立式电极结构，即每个电极均是一个单独的控制单元，承担液滴驱动的功能。这种芯片通常包含可引入不同试剂和缓冲液的储液池电极，以及用于执行所需反应操作的驱动电极等。除了传统的正方形电极外，研究人员还将电极边缘设计成叉指状，如锯齿状、正弦状、细条状、新月状等，以增大液滴与邻近电极的接触，使得液滴驱动性能增强，驱动更加平稳。但与此同时，这种叉指结构电极（尤其是正弦状结构）也容易造成局部电势过高，从而引起电极的击穿现象。图 4.9 所示的数字微流控芯片即采用了叉指状的分立式电极设计，每一个独立的电极都需要布置对应的导线连接并连接至接口处。从图中可以看出，即使对于一个电极数量有限的芯片来说，其布线也是十分复杂的，而随着电极数目的增加，导线布置的难度会呈指数放大，这使得数字微流控的通量受到了限制。

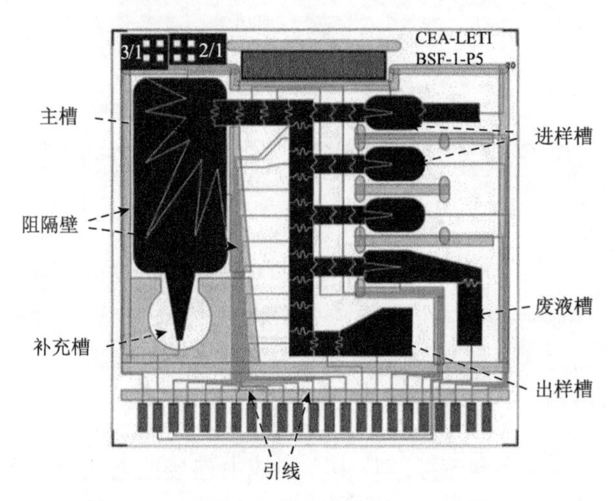

图 4.9　分立式电极的数字微流控芯片[3]

2. 组合型电极

分立式电极的芯片操控自由、组装简单，在多个领域得到了广泛的应用，但由于其每个电极均需连接导线，布线烦琐，限制了可寻址电极的数量。为了提高电极的通量，强化芯片的功能，近年来，人们开始了对组合型电极的芯片研究。组合型电极的设计既可以保持电极的单独可寻址性，又不会丧失电极各自的功能。Fan 等提出了一种组合型条状驱动电极，其上、下平板分别制备 M、N 个条状驱动电极，并将其垂直组装构成横纵交错的棋盘状控制电路，用以驱动 $M \times N$ 个控制单元。这种芯片极大地提高了电极的通量，简化了芯片结构。

基于这样的启发，研究者们发展了基于有源矩阵介电润湿（active matrix EWOD，AM-EWOD）的多路复用结构的组合型芯片，可使用少量导线来处理多个电极。该方法类似于平板显示器的工作方式，其中每个像素电极由电极下方的单个晶体管控制开关，使用列-行寻址来切换每个晶体管/像素电极。目前基于有源矩阵的基板构造主要有两种：基于互补金属氧化物半导体（complementary metal oxide semiconductor，CMOS）和基于薄膜晶体管（thin film transistors，TFT）。

1）基于 CMOS 的结构设计

CMOS 是一种大规模应用于集成电路芯片制造所用的原料，CMOS 逻辑电路具有低功耗的显著优势。Gascoyne 等[4]基于介电泳的原理，发展了一种采用 CMOS 结构基板的芯片，通过在其芯片表面下嵌入开关电子器件，采用 32×32 像素阵列，能够并行处理 1024 个电极，且准确地注入、移动和混合极性或非极性液滴[图 4.10（a）]。然而，基于 CMOS 的结构设计仍存在制造成本昂贵、尺寸有限、最大电压处理能力有限（通常为 5 V）且不具有光学透明性的局限性。

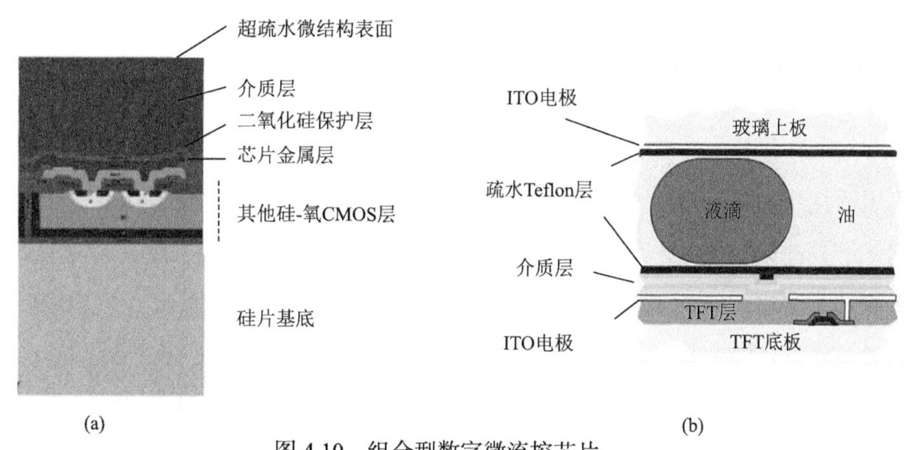

图 4.10　组合型数字微流控芯片

（a）基于 CMOS 的 AM-EWOD 芯片[4]；（b）基于 TFT 的 AM-EWOD 芯片[5]

2）基于 TFT 的结构设计

TFT 常应用于液晶显示屏（LCD）中，其每个液晶像素点都是由集成在像素点后的薄膜晶体管来进行驱动，因此，TFT 式显示屏也是一类基于有源矩阵的液晶显示设备。与 CMOS 相比，TFT 采用在玻璃基底上制造的方法，具有光学透明性，且制造成本低。Hadwen 等[5]首次提出了 AM-EWOD 芯片，同时具备操纵液滴和电容检测的功能。该芯片采用 64×64 的电极阵列，共有 4096 个电极[图 4.10（b）]。Kalsi 等[6]在此基础上，开拓了 AM-EWOD 芯片的性能及应用，将电极数量提升到 16800 个，可自动化生成 45 nL 的液滴，并在该平台上进行实时 RPA 荧光监测，可在 15 min 内对抗生素耐药性编码基因进行 4 个数量级的检测，检测限可达单个拷贝。

4.3 数字微流控接口

数字微流控的控制模块与芯片的接口是保证液滴成功驱动的重要一环。一般来说，接口分为控制模块接口和芯片接口两部分。经历了近二十年的发展，控制模块接口由最原始的接触式引线，发展到弹簧顶针，而芯片接口主要由驱动电极上引线引出的方形电极构成。本节主要以控制模块接口发展为主线，介绍这几种接口的主要结构和发展。

4.3.1 接触式引线

控制模块接口在数字微流控发展初期常采用接触式引线。接触式引线，即手动将引线接到裸露的接触电极上，从而向驱动电极施加电压。这种方法适合于初期搭建系统的摸索，其操作简易，便于修改。而缺点是手动接触不够稳定，而液滴驱动的成功与否与接触的紧密程度直接相关。且为了便于手动操作，接触式引线所要求的接触电极的面积较大，这也限制了驱动电极的总数。如图 4.11 所示，2008 年，Miller 等使用接触式引线的方式构建了数字微流控芯片用于多种酶学分析[7]。

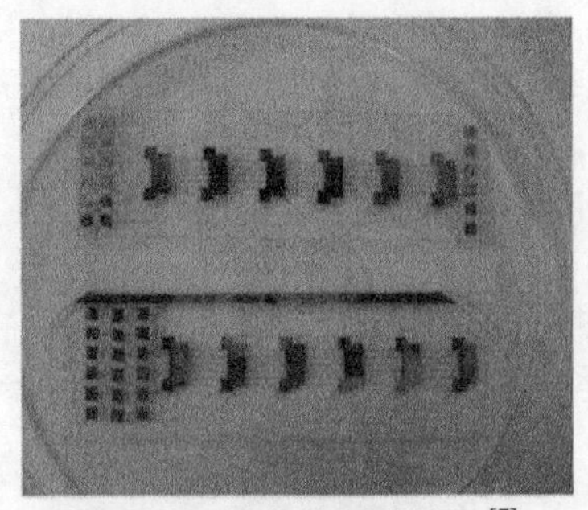

图 4.11 接触式引线接口[7]

4.3.2　弹簧顶针

随着数字微流控技术的发展，弹簧顶针的控制模块接口设计逐渐占据了主导地位。弹簧顶针由针轴、弹簧、针管三个基本部件构成，是通过精密仪器铆压预压之后形成的弹簧式探针。弹簧顶针的表面一般都镀有金，因此具有较好的防腐蚀功能、机械性能、稳定性、耐久性等，一般应用于医疗、通信、手机、汽车、航空航天等电子产品中的精密连接。在数字微流控的控制模块接口设计中，弹簧顶针常通过螺丝、弹簧夹等固定方式与接触电极对准接入。这种方法操作简单、稳定性好、耐久性强、集成度高，在近年来的数字微流控仪器中得到了广泛应用。如图 4.12 所示，2011 年，Kim 等利用螺丝固定弹簧顶针的方法构建了控制模块与芯片的接口，将多个子系统模块集成为一个自动化的“下一代”测序（“next-generation” sequencing，NGS）文库样品制备系统[8]。Fobel 等所研发的 Dropbot 平台也采用了弹簧顶针的方法构建接口，并将这个平台一直沿用至今，在此基础上集成了多种器件，并拓展了多个跨领域、意义重大的应用[1, 9, 10]。

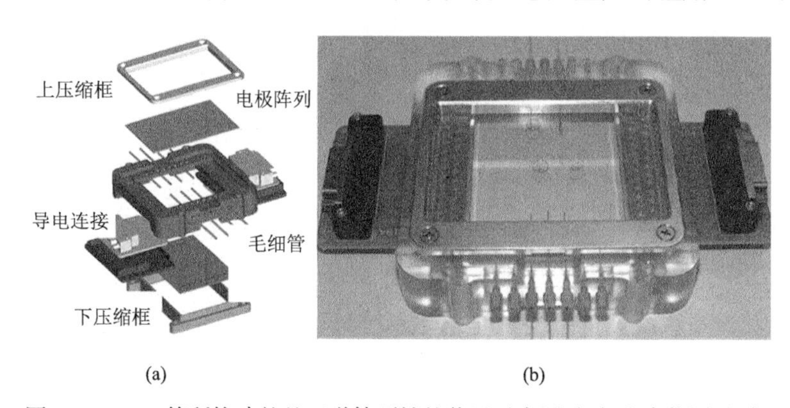

图 4.12　Kim 等所构建的基于弹簧顶针的装置示意图（a）和实物图（b）

4.4　小　　结

本章主要详细介绍了数字微流控的硬件控制系统，包括仪器、芯片和接口三个部分。在数字微流控硬件系统中，接口作为桥梁，将仪器与芯片连接在一起。其中仪器通过控制面板将电信号传输给芯片，从而控制芯片上的液滴移动。而芯片作为数字微流控的核心部分，主要是由嵌入固体基底中的微电极阵列构成，其分为开放式和封闭式。其中开放式在安装引线上存在较大的难度，限制了其发展，而在封闭式芯片中，引线由上极板 ITO 导电玻璃取代，从而大大简化了引线布局带来的困难。作为数字微流控的核心组成之一，硬件控制系统仍需往便携化、简单化方向发展。

虽然数字微流控平台操作简单，只需要通过软件选择驱动电极的位置和设置驱动电压的大小，大大降低了操作门槛，但是整套设备极其复杂，由软件、操纵设备和微流控芯片三大部分组成，在研发的过程中每一部分均需要专业的技术人员，并且三个部分的研究人员需要相互配合与合作，大大增加了研发难度，需要花费的时间较久。

数字微流控平台最核心的部分是数字微流控芯片，目前对于微流控芯片的系统优化缺乏有力的理论支撑，操纵机理也存在争议，其稳定性仍需进一步的研究。数字微流控芯片主要是由用于连接设备和芯片的电极层、保护电极介质层和供液滴自由移动的疏水层构成，是完成化学反应的关键，它的质量直接决定整个平台的成败，其中介质层最为关键，厚薄、致密性和均匀性均是影响介质层好坏的重要因素，如果介质层太薄，容易击穿电极，反之则不容易驱动液滴。

虽然现在市场上出现了一些商品化的数字微流控平台，但基本上功能都比较单一，在一块芯片上只能执行某种特定的功能，针对不同的实验需求，需要对设备进行重新设计，这大大限制了数字微流控的普及。

参考文献

[1] Fobel R, Fobel C, Wheeler A R. DropBot: an open-source digital microfluidic control system with precise control of electrostatic driving force and instantaneous drop velocity measurement. Applied Physics Letters, 2013, 102 (19): 193513.

[2] Moon I, Kim J. Using EWOD (electrowetting-on-dielectric) actuation in a micro conveyor system. Sensors and Actuators A: Physical, 2006: 537-544.

[3] Berthier J. EWOD Microsystems//Berthier J. Micro-Drops and Digital Microfluidics. 2nd ed. Burlington: William Andrew Publishing, 2013: 225-301.

[4] Gascoyne P R, Vykoukal J V, Schwartz J A, et al. Dielectrophoresis-based programmable fluidic processors. Lab on a Chip, 2004, 4 (4): 299-309.

[5] Hadwen B, Broder G R, Morganti D, et al. Programmable large area digital microfluidic array with integrated droplet sensing for bioassays. Lab on a Chip, 2012, 12 (18): 3305-3313.

[6] Kalsi S, Valiadi M, Tsaloglou M N, et al. Rapid and sensitive detection of antibiotic resistance on a programmable digital microfluidic platform. Lab on a Chip, 2015, 15 (14): 3065-3075.

[7] Miller E M, Wheeler A R. A digital microfluidic approach to homogeneous enzyme assays. Analytical Chemistry, 2008, 80 (5): 1614-1619.

[8] Kim H, Bartsch M S, Renzi R F, et al. Automated digital microfluidic sample preparation for next-generation DNA sequencing. Journal of the Association for Laboratory Automation, 2011, 16 (6): 405-414.

[9] Dryden M D, Rackus D D, Shamsi M H, et al. Integrated digital microfluidic platform for voltammetric analysis. Analytical Chemistry, 2013, 85 (18): 8809-8816.

[10] Abdulwahab S, Ng A H C, Chamberlain M D, et al. Towards a personalized approach to aromatase inhibitor therapy: a digital microfluidic platform for rapid analysis of estradiol in core-needle-biopsies. Lab on a Chip, 2017, 17 (9): 1594-1602.

第 5 章　数字微流控技术的应用

数字微流控作为一种全新的微尺度、全范围离散流体操控技术，是对传统微流控技术的一场革新。针对传统微流控技术操控复杂、技术门槛高等不足，数字微流控提供了操控全自动化、程序化的解决方案。这种新型的液滴操纵方式不仅为化学合成、生物分析、药物筛选等研究提供了新的技术手段，也为即时检测、临床诊断等应用领域提供了广阔的发展空间。本章将主要介绍数字微流控在生物分析和化学研究方面的应用。

5.1　数字微流控在生物分析中的应用

生物分析，一般以核酸、蛋白质等生物大分子和病毒、细菌、细胞等生物颗粒为分析对象，以现代分析化学方法为分析手段。传统的生物分析方法常常需要专业的实验室设备及人员，大量的试剂及较长的操作时间，多步烦琐的操作与前处理，给非专业人士设置了较高的门槛。而数字微流控具有试剂样本消耗少、检测分析时间短、良好密闭隔绝污染、自动化程序化等特点，因此相当符合生物分析应用的需要。本节从生物黏附、免疫分析、核酸分析、蛋白分析、细胞研究五方面展开讨论。

5.1.1　生物黏附

数字微流控用于生物分析的挑战之一是生物黏附的问题，即核酸、蛋白质等生物大分子极易吸附在芯片表面，造成样品损失或者交叉污染等问题，而且会破坏芯片性能，从而影响液滴移动。

目前已经发展出几种比较有效的方法降低生物黏附：①油相的填充能提高液滴的驱动效果，降低液滴中的生物分子与芯片表面的作用，在一定程度上降低了生物黏附[1]。②在液滴中加入表面活性剂以降低生物黏附。普朗尼克（Pluronic）系列的非离子型表面活性剂是数字微流控中常用的表面活性剂，不仅能使血清等复杂样品顺畅移动，而且对样品的性质影响极小[2, 3]。图 5.1（a）和（b）是普朗尼克 F127 阻止生物黏附的效果。③制作可替换的疏水隔绝层，每次实验更换新的疏水层，这样能从根本上解决生物黏附的问题[图 5.1（c）][4]。

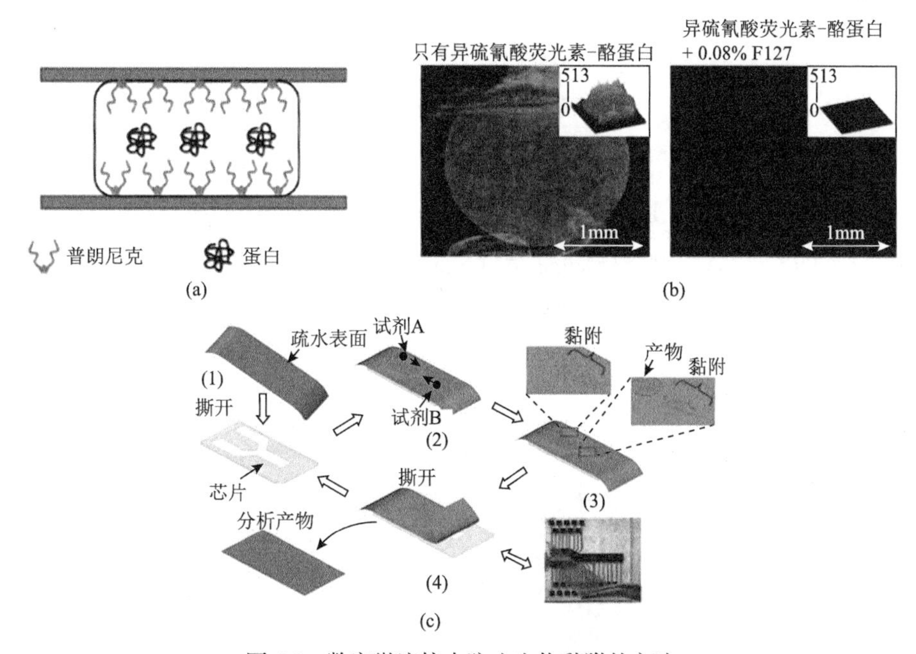

图 5.1　数字微流控中防止生物黏附的方法

（a）普朗尼克表面活性剂防止生物黏附示意图；（b）共聚焦荧光表征普朗尼克 F127 防止生物黏附：左图为不加 F127 的情况，右图为加入 0.08% F127 的情况，插图为三维荧光分析图；（c）可替换疏水薄膜用于防止生物黏附

5.1.2　免疫分析

免疫分析是指利用抗原-抗体的特异性反应进行检测的一种手段，具有特异性好、灵敏度高等优点，常用于检测蛋白质、药物、激素等微量物质。但其操作过程烦琐、费时费力，而且检测成本高，不利于其在实际分析中的应用。数字微流控作为新型的离散液滴操控技术，基于电信号实现对液滴的操控，具

备自动化和程序化操控的能力，不仅能解决免疫分析操作烦琐、费时费力的难题，而且小体积反应大大降低了试剂的消耗，进一步降低了分析成本。本小节将从基于数字微流控的免疫反应的类型和免疫分析信号检测方式两方面进行讨论。

1. 基于数字微流控的免疫反应的类型

到目前为止，应用于数字微流控的免疫反应一般是基于异相免疫反应，有两种抗体固定的形式，即将抗体固定在固体表面（如芯片表面），或者将抗体固定在磁珠表面。下面将分别介绍这两种不同形式的免疫反应在数字微流控上的应用。

Miller 等[5]将人免疫球蛋白的抗体锚定在数字微流控的上板上，通过移动不同的试剂至该锚定位点即可实现孵育、清洗等步骤。如图 5.2（a）所示，固定在上板的抗体可特异性捕获样本中的人免疫球蛋白，标记有异硫氰酸荧光素（fluorescein isothiocyanate，FITC）的检测抗体结合上去，形成免疫复合物。通过自制的多孔荧光读板仪采集芯片上的荧光信号，实现了人免疫球蛋白的定量检测，整个检测可在 2.5 h 内完成。

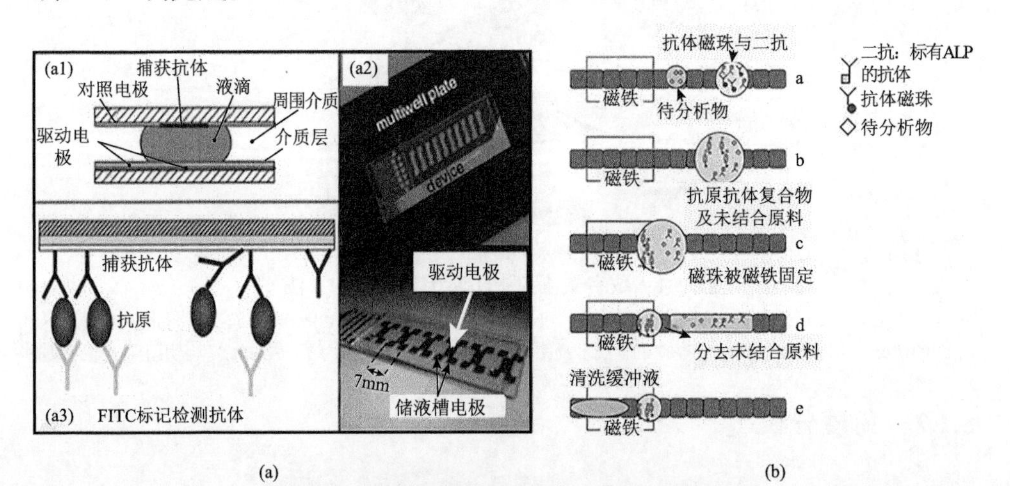

图 5.2　基于数字微流控的免疫反应的形式

（a）抗体直接锚定法的免疫检测；（b）基于磁珠法的免疫检测

相比于直接将抗体锚定在数字微流控芯片上，使用磁珠固定抗体是更受欢迎的一种方式。磁珠不仅具有较大的比表面积，能够偶联更多的抗体；而且基于磁珠的固定方式不会破坏芯片表面的疏水结构，不影响芯片的重复使用。因此目前大多数免疫分析是基于磁珠法进行的。

Sista 等[6]首次在数字微流控上实现了基于磁珠法的免疫反应，用于白细胞介素-6（interleukin-6）和胰岛素（insulin）的检测。基于磁珠法的免疫反应一般包括四个基本操作：磁珠孵育、磁珠固定、磁珠洗涤和磁珠重悬[图 5.2（b）]。通过外部磁铁固定磁珠并利用数字微流控操作移走废液可实现芯片上磁珠与液滴的分离，而且经验证用约 8000 倍的洗液洗涤磁珠后，磁珠几乎没有损失，证明了该体系良好的工作性能。另外，在他们的另一项工作中，为了验证该方法在即时检测方面的可行性，他们用该体系进行了全血中心肌肌钙蛋白 I（cardiac troponin I，cTnI）的检测，整个检测时间仅为 8 min，并且在全血中得到较理想的回收率，回收率分别为 108%、87%、77%[7]。

2. 基于数字微流控的免疫分析信号检测方式

在大多数文献报道中，数字微流控上免疫反应的信号读取方式一般基于光学信号，如荧光或化学发光[8]，这也是最常用的信号检测方式。然而基于光学的信号检测方式常常依赖于精密的仪器和严格的信号采集环境，不利于现场检测的实现，而且灵敏度难以进一步提高。因此，需要发展其他高灵敏度、低成本的信号检测技术用于免疫分析。

近年来，电化学检测方式由于具有成本低、检测灵敏度高、易于集成等优点，在免疫分析中越来越受欢迎。Wheeler 课题组首次将电化学检测方式应用在基于数字微流控的免疫分析中。如图 5.3（a）所示，上板上集成了金工作电极和银参比电极，通过辣根过氧化物酶（horseradish peroxidase，HRP）在过氧化氢（H_2O_2）存在条件下氧化底物 3, 3′, 5, 5′-四甲基联苯胺（3, 3′, 5, 5′-tetramethylbenzidine，TMB）变为 TMB^{2+}，该过程所释放的电子被电极捕捉到从而产生电信号。利用该体系，他们实现了促甲状腺激素的检测，检测限为 2.4 μIU/mL[9]。

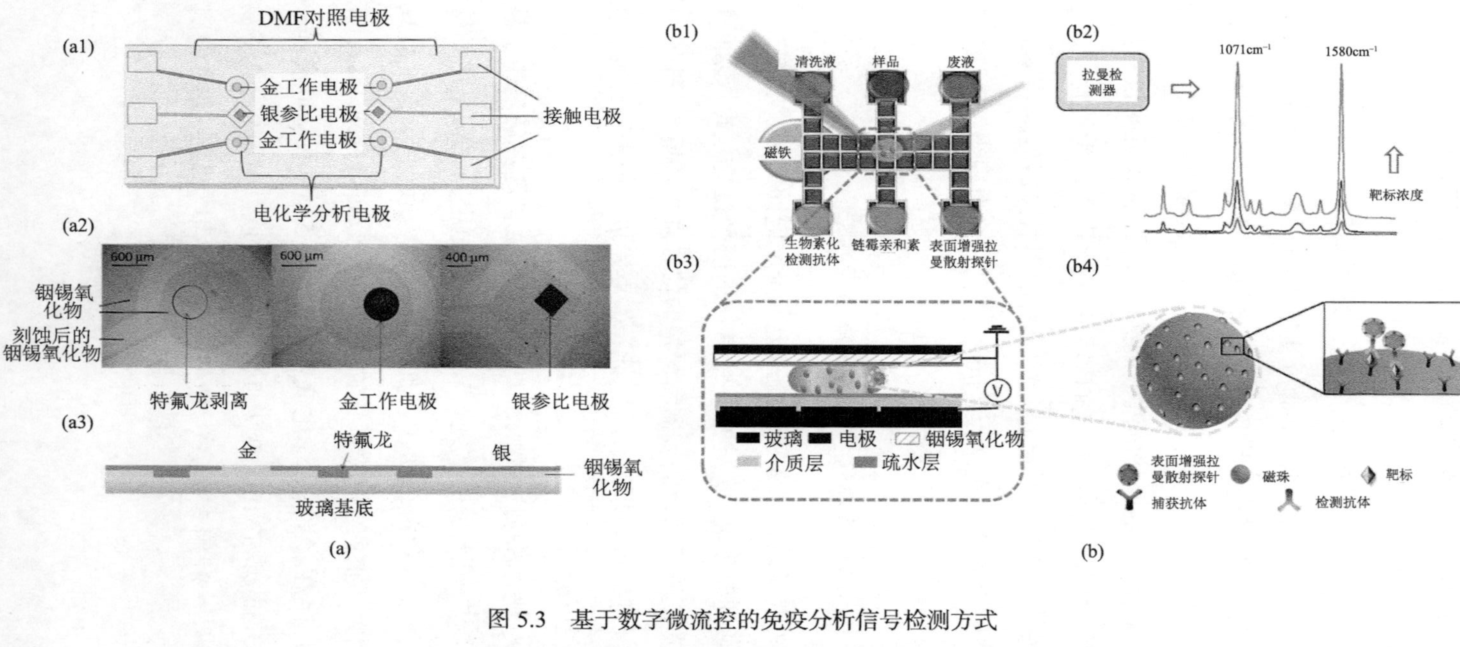

图 5.3　基于数字微流控的免疫分析信号检测方式

（a）基于电化学检测方式的免疫分析；（b）基于SERS技术的免疫分析

除了电化学检测方式，表面增强拉曼散射（surface enhanced Raman scattering，SERS）技术也是免疫分析中一种常用的信号放大方式。SERS 是一种超灵敏的散射光谱技术，能够反映单个分子的振动信息。其具有信号放大显著、空间分辨率高、光稳定性强、不受水分子干扰等优势，因此被广泛用于蛋白质检测、核酸分析、生物成像等领域。Wang 等[10]合成了具有金核银壳结构的 SERS 探针用于自动化免疫分析[图 5.3（b）]。所合成的 SERS 探针具有拉曼活性强、均一性好、稳定性高等优点，并用于基于数字微流控的免疫分析，成功实现了 H5N1 流感病毒的快速、灵敏检测，检测限为 74 pg/mL，远低于金标准方法。同时，结合数字微流控不仅减少了试剂的消耗（30 μL），缩短了检测时间（45 min），而且由于数字微流控良好的密闭性降低了传染性样本检测的感染风险，该技术有望在现场快速检测、临床诊断等领域得到广泛应用。

5.1.3　核酸分析

核酸分析是一种常用的分子诊断技术，具有准确性好、灵敏度高的优点，广泛用于基因表达分析、致病菌检测、疾病诊断等领域。然而传统的实验室分析方法通常步骤烦琐、费时费力，而且依赖于精密复杂的仪器设备，不利于其进一步发展和推广。数字微流控的出现为核酸自动化、快速分析提供了新的研究手段和工具，近年来，数字微流控在核酸提取纯化、核酸扩增、焦磷酸测序、单核苷酸多态性（single nucleotide polymorphism，SNP）分析等方面得到了广泛应用。本小节将从数字微流控在核酸提取和纯化、核酸扩增以及 DNA 测序三方面的应用展开讨论。

1. 数字微流控在核酸提取和纯化方面的应用

核酸的提取和纯化是核酸分析的首要步骤，从复杂的生物样本中获得足量、纯净的核酸是后续分析的关键。核酸的提取和纯化一般包括重复性的加样、混匀和洗涤过程，因此尤其适合应用于数字微流控。

Sista 等[7]利用数字微流控实现了从人的全血样本中分离出纯净的基因组。如图 5.4（a）所示，核酸的分离基于磁珠法，首先将顺磁性磁珠重悬在裂解液中，并在数字微流控的驱动下与另一个全血的液滴融合进行细胞的裂解。细胞裂解所释放的核酸和其他裂解物都会吸附在磁珠上，通过固定磁珠多次进行洗涤操作，将细胞裂解碎片等杂质从磁珠上洗掉。最终通过洗脱液把核酸从磁珠上洗脱下来以获得较为纯净的基因组。Hung 等[11]同样发展了基于数字微流控的核酸快速提取技术，并可在室温下完成提取过程。而且经过优化洗涤轮数大大减少，实现了全血中基因组的分离，并对所提取的核酸进行了定性和定量表征[图 5.4（b）]。

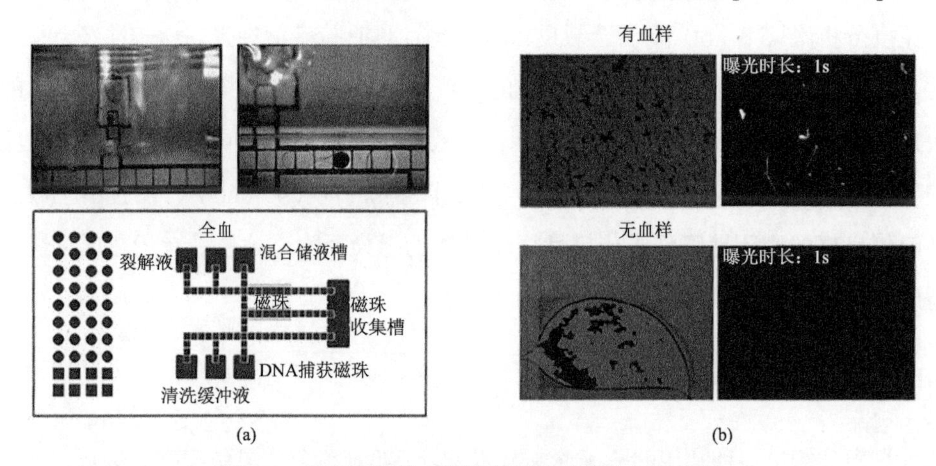

图 5.4　数字微流控在核酸提取和纯化方面的应用

（a）为样本的浓缩过程和核酸分离纯化过程（上）及数字微流控芯片的设计示意图（下）；（b）是对所提取的核酸经 SYBR Green 染色验证：明场图（左）和荧光场图（右）

数字微流控不仅可以实现全基因组的分离和纯化，还可以直接分离特定的核酸片段。Wulff-Burchfield 等[12]利用修饰特定捕获探针的磁珠，可直接从鼻咽洗液样本中分离出肺炎支原体特定的核酸片段，并通过后续 PCR 扩增实现了肺炎病原体的快速、准确检测。

2. 数字微流控在核酸扩增方面的应用

从生物样本中分离出的核酸往往是极其微量的，很难直接进行分析或检测，因此需要对所提取的核酸进行扩增，以达到仪器可检测的水平。聚合酶链式反应（PCR）是被最广泛使用的一种体外核酸片段扩增技术，能对微量的核酸片段进行指数倍的放大，形成几百万个拷贝，并且效率高、特异性好、灵敏度高。PCR 过程一般包含 3 个步骤：95℃下变性，使双链 DNA 解旋成单链；55℃左右下退火，使引物结合到 DNA 单链模板上；72℃左右下延伸，脱氧核糖核苷三磷酸

（deoxyribonucleoside triphosphate，dNTP）按照碱基互补配对原则在 DNA 聚合酶的作用下进行延伸，合成新的互补链。这三个步骤为一个循环，经过多个循环可将微量的核酸片段进行指数倍放大。

将 PCR 技术集成在数字微流控平台上有以下优点：①试剂和样本的消耗大大减少，减小为传统反应体积的约 1/40000；②小体积反应提高了扩散效率和传热效率，大大缩短了扩增时间，而且小体积中温度更加均匀、易控制；③小体积 PCR 的扩增效果优于大体积 PCR，灵敏度可提高约 100 倍；④由于数字微流控具有极强的可扩展性，易于实现高通量平行扩增。

在数字微流控上进行 PCR 扩增需要解决热循环的问题。热循环的实现有两种方式，如图 5.5 所示：一种方式是保持液滴在一个区域，并对该区域进行温度循环控制以实现热循环过程[图 5.5（a）]；另一种方式是在芯片上不同区域设置不同的温度，并使液滴在不同的温度区域间进行来回穿梭以实现热循环过程[图 5.5（b）]。

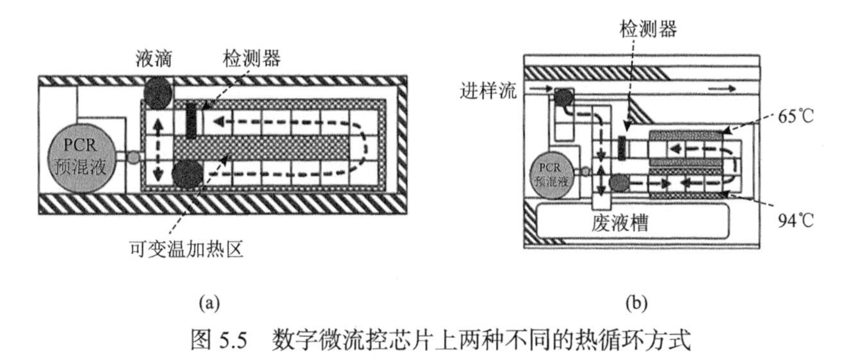

图 5.5　数字微流控芯片上两种不同的热循环方式

（a）单一区域热循环；（b）多区域热循环[13]

Chang 等[14]采用单一区域热循环方式实现了数字微流控芯片上的 PCR 过程。如图 5.6（a）所示，从储液池分别生成含有 cDNA 以及 PCR 反应液的液滴，移动至下面的混合区域进行融合和混匀，然后移动至热循环区域进行 PCR 扩增。该扩增区域集成了两个微型加热器和一个微型温度传感器，以对温度进行精确控制。该工作成功实现了数字微流控上 PCR 过程，但最终 PCR 产物的确定是通过线下的凝胶电泳表征实现的。Norian 等[15]利用集成电路技术成功实现了数字微流控芯片上全集成化的实时定量荧光 PCR 过程。芯片的设计如图 5.6（b）所示。数字微流控芯片上组装有三个电加热模块和三个对应的温度传感模块，采用单一区域热循环模式，可同时进行三个平行 PCR 过程。通过单光子雪崩二极管（single photon avalanche diode）进行液滴荧光信号的采集，实现了实时定量荧光 PCR 过程。利用该装置，他们在 1.2 nL 液滴中实现了金黄色葡萄球菌 DNA 的实时扩增，动态检测范围超过 4 个数量级，检测限低至 1 个拷贝。

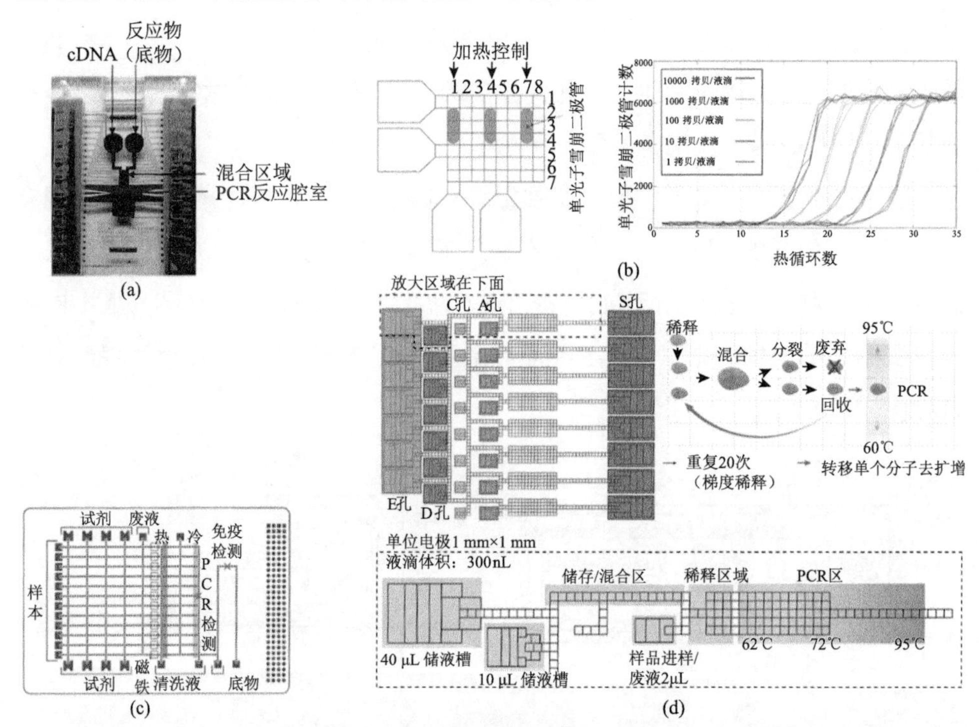

图 5.6　数字微流控上的 PCR 过程

（a）数字微流控芯片实物图，包含两个储液池、一个混匀区域和一个 PCR 扩增区域，基于单区域热循环策略用于 PCR 扩增；（b）数字微流控芯片设计示意图，芯片上包含三个独立的加热模块，基于单区域热循环策略进行 PCR 扩增，并通过单光子雪崩二极管实时采集液滴的荧光信号；（c）数字微流控芯片设计及温度区域示意图，采用多区域控温策略进行 PCR 扩增；（d）用于单分子 PCR 扩增的数字微流控芯片的整体示意图，通过逐级稀释法获取单分子模板并在三个温度区域间穿梭实现单分子 PCR 扩增

Sista 等[7]则采用第二种控温策略。如图 5.6（c）所示，在数字微流控芯片上设置了两个不同的温度区域 60℃和 95℃，通过使液滴在这两个区域间穿梭实现 PCR 扩增。液滴的体积为 600 nL，移动速率为 25 个电极/s，移动的距离为 16 个电极，因此单次穿梭时间仅为约 0.6 s。PCR 热循环条件为：①95℃ 30 s 预变性；②95℃ 5s，60℃ 10 s，40 个循环可在 12 min 内完成。液滴的荧光信号在 60℃

的区域上读取，每扩增一次读取一次荧光信号，实现实时荧光的监测和记录。利用该装置可实现耐甲氧西林的金黄色葡萄球菌和白色念珠菌等致病菌核酸的快速扩增检测。Yehezkel 等[16]同样采用了这种分区热循环的控温策略，在数字微流控上利用单分子 PCR 技术首次实现了 DNA 的从头合成。基因的合成与克隆的集成化对于推进生物工程的发展有着重大意义，因此，目前已有诸多研究通过多种微流体技术酶促一锅法进行基因的从头合成[17-19]。他们基于数字微流控平台开发了可编程有序聚合方法、DNA 微流体组合装配技术和微流体体外克隆技术，并将它们分别应用于基因的从头合成、组合装配和无细胞克隆。他们通过该平台构建、克隆酵母核糖体结合位点和细菌天青蛋白的文库，证明这些方法的可行性。具体的芯片设计如图 5.6（d）所示，每个芯片包含 8 个通道，每个通道上可同时平行运行 3 个反应，因此一个芯片可同时运行 24 个反应。通过芯片上的逐级稀释获得含有单分子模板的液滴，并在三个温度区域（62℃、72℃和 95℃）之间穿梭实现了快速 PCR 扩增。该体系具有很多优点：①通量高，芯片上可同时运行 24 个反应，远超于传统方法的通量；②扩增时间大大缩短，与传统大体积 PCR 扩增相比时间缩短为 1/100；③数字微流控的自动化操控简化了复杂的操作步骤，具有较强的实用性。

虽然 PCR 技术扩增效率高、特异性好，但 PCR 过程至少需要两个温度才能实现扩增，这无疑会增加设备的复杂程度，不利于现场即时检测的实现。近年来，恒温核酸扩增技术的出现解决了上述难题，在恒定的温度下即可完成核酸的快速扩增，而且对温度的要求没有特别严格，大大简化了控温装置的复杂度，在资源有限地区和现场快速检测领域具有很大的发展前景。常见的恒温核酸扩增技术如环介导恒温扩增（loop-mediated isothermal amplification，LAMP）技术、重组酶聚合酶扩增（recombinase polymerase amplification，RPA）技术，已经成功地应用在数字微流控上，实现了核酸的快速恒温扩增和分析。Coelho 等[20]首次验证了数字微流控上 LAMP 扩增的可行性。如图 5.7（a）所示，从两个储液池中分别生成 LAMP 反应液的液滴和靶标 DNA 的液滴，将其移动至反应区进行融合和混匀，并控制芯片温度在 65℃ ± 0.3℃进行 LAMP 扩增，扩增产物通过线下的凝胶电泳来检测。该体系在 1.5 μL 的液滴中扩增，不仅扩增效率高，扩增 0.5 ng/μL 的 DNA

仅需要 45 min，而且 DMF-LAMP 比大体积 LAMP 表现出更高的灵敏度。Wan 等[21]发展了基于分子信标的 DMF-LAMP，利用荧光显微镜实时记录荧光，并进行了熔解曲线分析[图 5.7（b）]。相比于传统的 SYBR Green 染色的方式，这种分子信标的标记方式大大降低了假阳性概率，提高了检测的准确性。利用该方法对布氏锥虫的 DNA 进行了 LAMP 扩增验证，在 1 μL 的液滴中进行扩增，可在 40 min 内完成，而且检测限低至 10 拷贝。

Morgan 课题组发展了基于有源矩阵的介电润湿系统（AM-EWOD）。他们所搭建的 AM-EWOD 可分别进行电极单独控制和同时控制，并通过内置的阻抗传感器实时感应液滴的位置和大小，同时集成了温度加热器和传感器实现芯片上温度的精准控制[图 5.7（c）][22]。如图 5.7（d）所示，利用该装置，他们在数字微流控芯片上实现了真正意义上的试剂动态配制，并结合 RPA 实时扩增，用于大肠杆菌 $bla_{\text{CTX-M-15}}$ 基因的检测。DMF-RPA 扩增在 15 min 内完成，动态检测范围超过 4 个数量级，检测限低至单个拷贝[23]。

3. 数字微流控在 DNA 测序方面的应用

测序作为一种有效的核酸分析手段，能直接获取 DNA 的原始信息，在突变检测、基因分型、法医鉴定、疾病诊断等方面发挥着巨大的作用。焦磷酸测序（pyrosequencing）技术是一项成熟的 DNA 测序分析技术，利用与模板互补的 dNTP 结合所释放的焦磷酸引发的酶级联反应，促使底物荧光素发光进行检测，并可以通过发光强度确定碱基结合的个数。焦磷酸测序过程涉及多步的孵育和清洗步骤，操作具有很高的重复性、费时费力，因此很适合应用于数字微流控的自动化操纵体系中。

Welch 等[24]首次在数字微流控上实现了焦磷酸测序的过程。他们首先进行了可行性验证，通过将含有不同浓度的腺苷三磷酸（adenosine triphosphate，ATP）液滴与荧光素液滴合并，建立 ATP 浓度与化学发光强度的工作曲线，其检测限可低至 7 nmol/L，远低于单碱基结合所产生的 ATP，证明了该体系的可行性。Zou 等[25]同样利用焦磷酸测序技术在数字微流控上实现了 DNA 突变分析。他们利用磁珠固定 DNA 模板，通过数字微流控依次生成含有组合酶的液滴、核苷酸的液

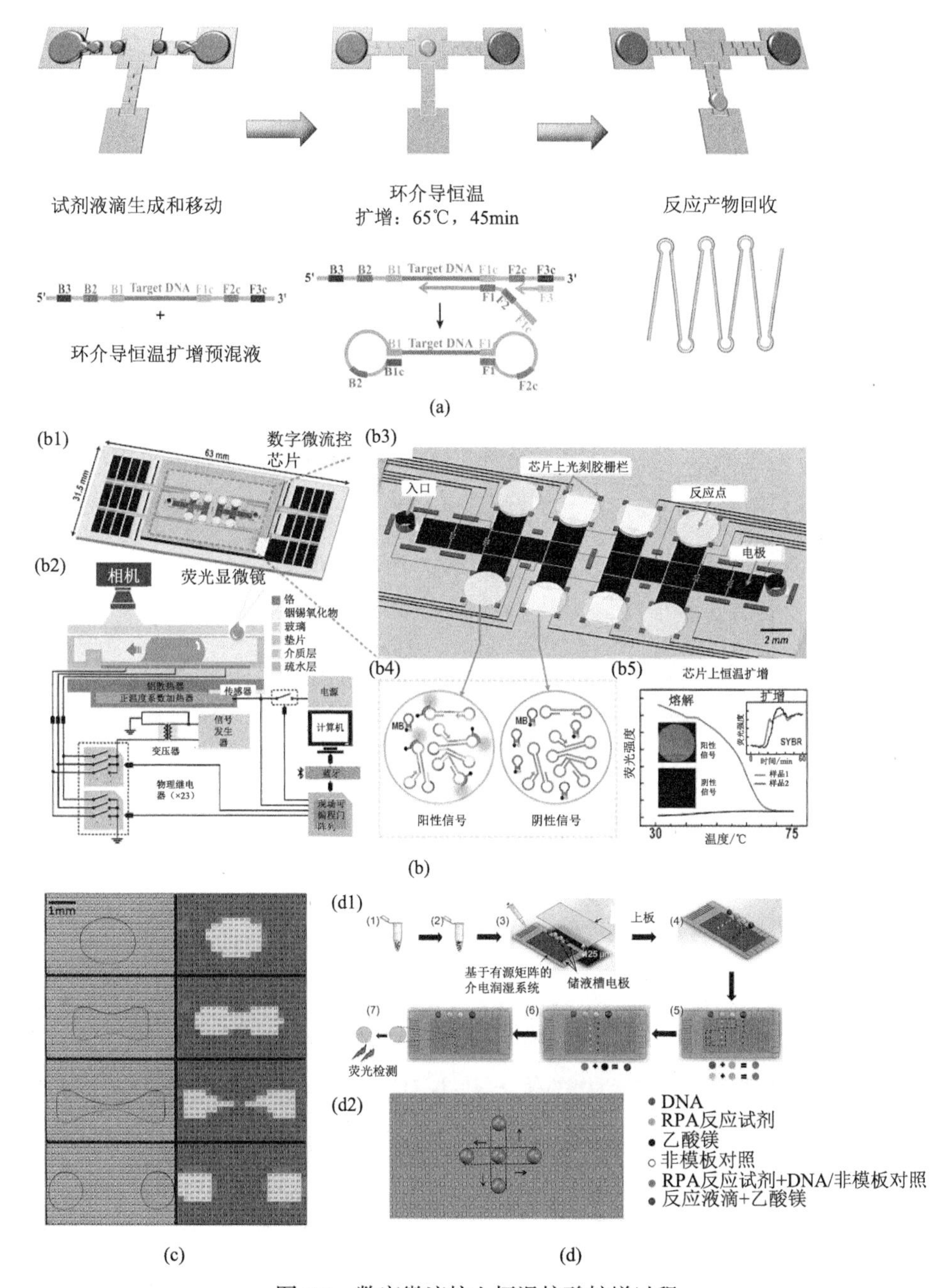

图 5.7　数字微流控上恒温核酸扩增过程

（a）DMF-LAMP 扩增过程示意图和 LAMP 反应示意图；（b）DMF 芯片系统各模块工作原理示意图，包括电路控制模块、驱动模块、热集成模块和信号采集模块；（c）阻抗感应成像系统对液滴分裂过程的展示：实际图像（左）和阻抗感应图像（右）；（d）基于 AM-EWOD 系统的 RPA 试剂动态配制过程和扩增过程以及芯片上动态混匀示意图

滴与磁珠混匀，并利用光电倍增管采集化学发光信号。利用该体系可在 30 min 内完成 KRAS 基因的突变分析，可以实现 5%突变水平的检测。

除了焦磷酸测序，Illumina 测序也是新一代测序的主要手段。Illumina 是当前最热的二代测序公司，它测序的特点是使用带有可以切除的叠氮基和荧光标记的 dNTP 进行合成测序。由于 dNTP 上叠氮基团的存在，每个链每次测序循环只会合成一个碱基。由于 A、C、G、T 四种碱基所携带的荧光信号各不相同，因此读取此时的荧光信号即可得知此时的碱基类型。重复这个过程，就可以对所有碱基序列进行测定。Illumina 测序的工作流程如下，建库、桥式 PCR 扩增、Read1 测序、Read2 测序、双端测序（Read3）。建库即使用超声将 DNA 样品打碎成小片段，接着 T4 酶修补末端，Klenow 酶在 3′末端加 A，然后 DNA 连接酶将测序引物和 DNA 片段连接，即制成测序文库。由此可见，测序文库的制备是测序过程中至关重要的一步，在一定程度上决定了测序的质量。测序文库的制备主要包括基因组的准备、片段化、添加通用接头序列、文库预扩增、片段分选等过程。Kim 等将数字微流控离散液滴操纵技术与传统连续流技术联用，用于高通量测序文库的制备，实现了真正意义上的“样品进，文库出”过程[26]。利用该装置，他们实现了人和大肠杆菌基因组测序文库的制备，大肠杆菌测序比对率可高达 99%以上，证明了该体系具有良好的工作性能[27]。

5.1.4　蛋白分析

基于蛋白分析的前处理步骤通常烦琐冗长，亟须自动化平台来提高工作效率。而数字微流控由于其高度自动化的优势，具有简化复杂实验操作的能力，特别适合各类需要大量人力操作的应用。近年来，数字微流控被广泛用于蛋白分析，包括对酶的检测、蛋白质组学的纯化和分析。本小节将从基于数字微流控的酶分析、蛋白纯化和分析两方面进行讨论。

1. 基于数字微流控的酶分析

酶在生物化学反应中扮演着非常重要的角色，因此在数字微流控上进行酶的测定一直备受关注。Taniguchi 等[28]利用荧光素和荧光素酶液滴体系的简易混合首次在数字微流控上证明了酶检测的可行性。Srinivasan 等[1]首次在数字微流控上实现了基于酶反应的葡萄糖定量检测，并得到了与光谱仪检测一致的结果。葡萄糖在葡萄糖氧化酶的作用下转化为葡萄糖酸和过氧化氢，然后在底物 4-AAP 与 TOPS 的作用下，与过氧化物酶发生反应生成紫色的沉淀即醌亚胺，最后通过 545 nm 的吸收来进行定量。在仪器上，该平台利用一个光电二极管和发光二极管集成了信号输出装置。随后，Nichols 等[29]结合 MALDI-TOF-MS，利用数字微流控能迅速可控混合液滴的特点，以酪氨酸磷酸酶为例，研究了酶的稳态动力学。Miller 等则利用碱性磷酸酶可以催化荧光素二磷酸得到荧光素的特性将其应用于数字微流控上进行检测[30]。如图 5.8（a）所示，碱性磷酸酶液滴和荧光素二磷酸液滴分别生成并混合得到荧光信号，检测限约为 7.0×10^{-20} mol，检测范围为 2 个数量级，检测体积为 140 nL，与传统方法相比，检测限更低，检测体积更小。同时，他们也进行了酶动力学实验，验证了其得到的动力学常数和传统孔板的方法检测结果相一致。此外，Sista 等[31]将基于数字微流控的酶的检测应用到实际样品中，通过收集和分析新生儿干血点标本，利用数字微流控平台进行快速多重荧光的酶的测定，从而对 Pompe 和 Fabry 疾病进行筛选。他们的结果也与传统的荧光测定法获得的结果高度一致。Vergauwe 等[32]通过应用蒙特卡罗模拟研究不同液滴操作引起的可变性的累积效应，从而对检测进行优化。通过优化驱动参数，即驱动电压、激活时间、弛豫时间和电极尺寸，实现了可重现的精确控制的液滴操纵过程，获得了酶促测定的完整校准曲线，平均 CV 值为 2%。

2. 基于数字微流控的蛋白纯化和分析

蛋白质组学前处理的步骤是复杂冗长的，在早期的基于数字微流控平台的组学研究中，数字微流控平台多用于样品前处理，如直接沉积在芯片表面，再用提取试剂进行处理，最后通过 MALDI-MS 进行分析检测[32-34]。随后，Jebrail 等[35]将沉淀、清洗和再溶解的步骤集成到数字微流控平台上，用于提取和纯化复杂生物样品（如血清和细胞裂解液）中的蛋白质。该方法对蛋白质的提取效率高达 80%，并且免去了离心的步骤，对基于微流控的平台非常友好。此后，Luk 等[36]和 Chatterjee 等[37]在数字微流控上集成了蛋白质提取的主要前处理步骤，包括还原、烷基化和酶

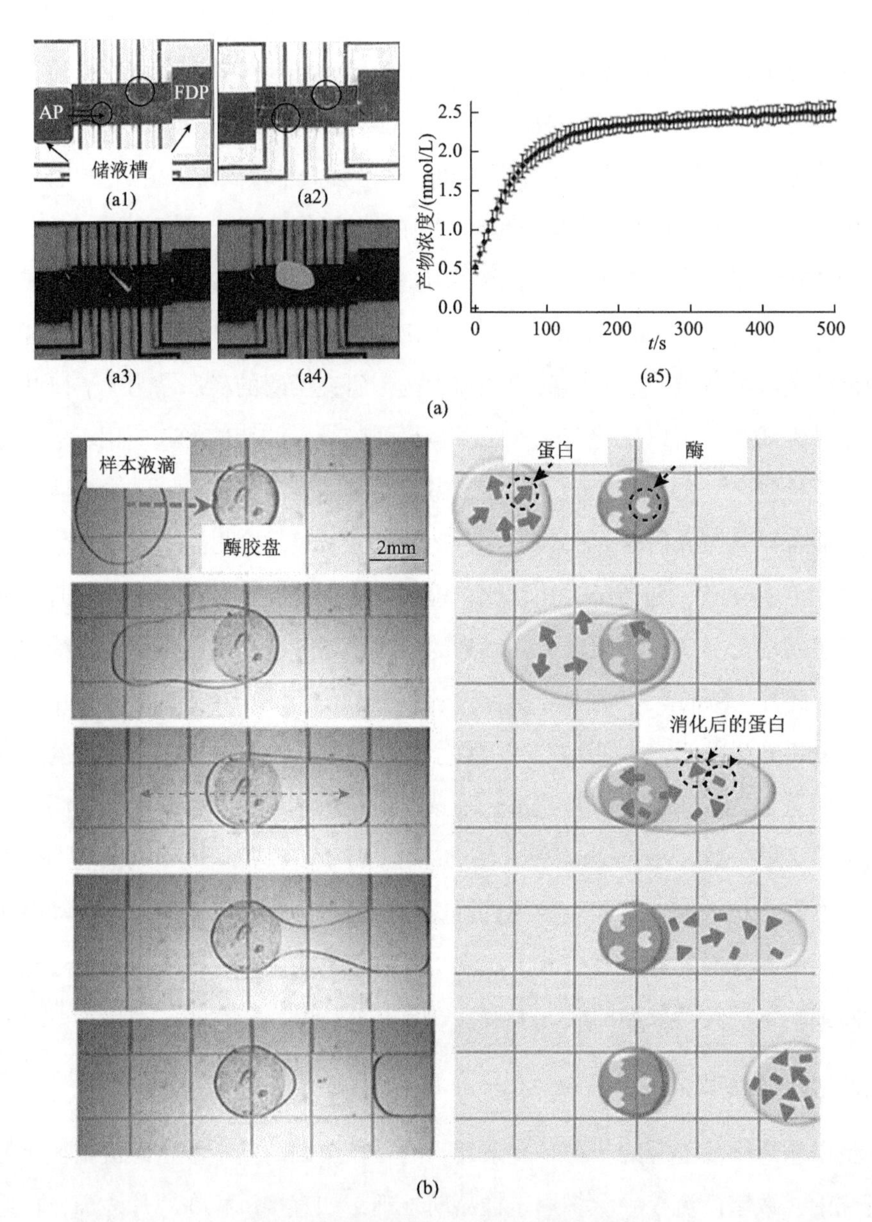

图 5.8　数字微流控上的蛋白纯化和分析

（a）数字微流控荧光酶分析，分别从左、右的储液槽中生成碱性磷酸酶液滴和荧光素二磷酸液滴并融合，混合后进行反应，发出强烈的荧光信号，并随时间监测荧光信号；（b）数字微流控平台上水凝胶蛋白水解酶微反应器

切。Nelson 等[38]在之前技术的基础上，又集成了电阻加热和温度感应系统，便于直接进行 MALDI-MS 分析。随后，水凝胶盘的出现为数字微流控平台上蛋白

质组学前处理的发展带来了创新的一步。Luk 等[39]将数字微流控与水凝胶集成用于蛋白质组的封装和消化，如图 5.8（b）所示，其中水凝胶作为微反应器来固定胰蛋白酶或胃蛋白酶，因此当带有蛋白质组学分析物的液滴接触水凝胶盘时，就会发生酶解，继而通过 MALDI-MS 来进行组学分析。这种基于数字微流控的样品前处理使得单个样品可以同时与多种水凝胶微反应器接触进行消化，提高了反应效率。同时，他们利用质谱证明了通过水凝胶来进行异相的酶解消化比传统的均相处理覆盖度更高。Aijian 等[40]将一个完整的蛋白质样品前处理过程集成到了数字微流控平台上，包括样品引入、二硫键还原、烷基化、胰蛋白酶消化、结晶、质谱表征。为了更高效地在数字微流控平台上处理蛋白质，需要解决蛋白质吸附和结晶产率低的问题。他们发现氟化试剂可以替代表面活性剂来促进液滴移动，并减少蛋白质在芯片表面的吸附。同时，这种氟化试剂可以通过蒸发来消除，从而降低对 MALDI-MS 分析的干扰。而将少量的氟化表面活性剂加入基质溶液中，则有助于基质在疏水层上结晶。

5.1.5　细胞研究

数字微流控可实现对皮升到微升级液体的精准操控，且能对光、电等多功能模块进行集成，因此在细胞操控方面有着快速、精确、可调控性强等传统手段无法相比的特点。本小节从细胞培养、细胞分选和细胞纯化等角度对数字微流控在细胞方面的应用展开讨论。

1. 基于数字微流控的细胞培养

基于数字微流控的细胞培养主要分为悬浮细胞培养、二维培养和三维培养。Au 等[41]设计了一种数字微流控平台用于培养悬浮细胞，并且分析每个独立液滴中细胞的密度。他们通过自动混合和精准温度控制的方法，连续培养了细菌、藻类和酵母菌五天，并通过细胞对光的吸收来对其进行定量。Shih 等[42]最近发展了一种通过数字微流控平台来考察不同种类和浓度的离子液体对酵母菌的生长和乙醇产量的影响的方法。酵母菌首先在微流控芯片内被包裹在液滴中，然后被转移到数字微流控平台上进行长期的培养和研究。与多孔板的方法相比，这种方法所用试剂的体积可以减小为 1/600，且总的试剂用量不超过 120 nL。

而对于在数字微流控平台上细胞的二维培养，数字微流控平台原先使用的疏水的芯片表面则需要有所改进，以便于细胞的贴壁和生长。如图 5.9（a）所示，Wheeler 课题组[43]发展了一种“被动分散”的技术，即基于 Teflon-AF 剥离微加工技术，在无须加入生物分子或者蛋白质的情况下即可在芯片上板形成亲水结构，从而形成虚拟微孔引导精准的细胞贴壁行为。通过与传统孔板培养的结果相比，他们在芯片上培养的细胞具有与传统方法相似的形态学和生长速度，因此证实了这种培养方法的有效性。同时，Bogojevic 等[44]将这种技术用于多重细胞凋亡的检测。他们将 HeLa 细胞置于上板的亲水结构中培养，发现与在 96 孔板中的结果相比，在数字微流控上培养的细胞的检测限更低，同时试剂耗量降低为原来的 1/33。

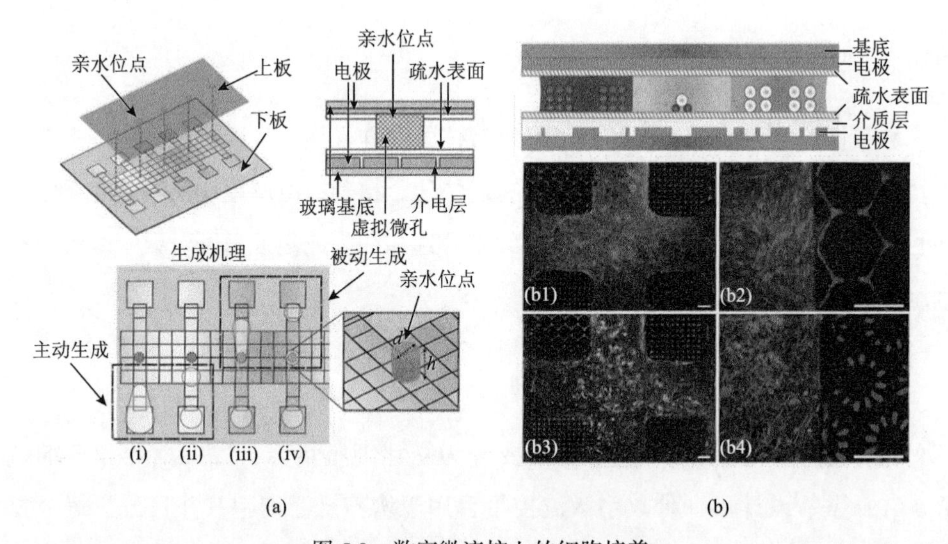

图 5.9 数字微流控上的细胞培养

（a）数字微流控上基于被动分散的二维细胞培养的芯片构成；（b）数字微流控上利用水凝胶进行三维细胞培养的芯片构成和细胞图案展示（比例尺：200 μm）

虽然二维细胞培养是一种在实验室里最常见的技术，但是三维细胞培养由于其模拟了体内的生理环境，受到了更广泛的关注。Fiddes 等[45]第一个提出在数字微流控平台上进行三维细胞培养的概念，即通过圆柱形的水凝胶盘来实现细胞的三维培养。他们将 NIH-3T3 纤维原细胞接种在超低胶凝温度的琼脂糖溶液中，然后成胶培养七天。George 等[46]最近将这种技术应用到化学试剂细胞毒性的研究，将水凝胶的位置固定的同时移动化学试剂液滴，从而避免了设置物理屏障和化学亲水化结构的需求，以此测试了不同浓度二甲亚砜对海藻酸凝胶中三维培养的细胞存活率的影响。三维细胞的培养还可以在自由漂浮的水凝胶微组织中进行，从而不受水凝胶圆柱的约束。Chiang 等[47]将介电润湿和介电泳两种技术相结合，利用多种水凝胶构建了一个多功能的可编码的水凝胶模块，并将多种细胞分别包裹在水凝胶里，从而形成可编码细胞图案，为组织工程、材料科学的应用打下基础[图 5.9（b）]。

2. 基于数字微流控的细胞分选和纯化

细胞分选和纯化是细胞相关应用中很关键的步骤。目前，传统微流控技术已经在细胞分选应用中显示了其价值，如循环肿瘤细胞的分离[48]、血细胞分选[49]和癌症干细胞分离[50]等。而在数字微流控平台上，利用光、电、磁相关的技术，也可对细胞进行分选和操控。

Fan 等[51]通过介电泳和介电润湿技术来控制细胞。通过在电极上施加不同频率电信号，可以在芯片上选择性形成介电泳和介电润湿。在低频下，施加的电压主要在介电层中被消耗，并导致介电润湿从而操纵毫米级的液滴。而高频信号会在液体中产生不均匀电场，并产生介电泳力来驱动液滴内部微米级的细胞或颗粒。他们分别设计了方形和条形电极，通过 DEP 将细胞或颗粒移至液滴的一侧后，再通过 EWOD 以 1 kHz 信号实现液滴介电泳将细胞或颗粒移至液滴的一侧后，再通过介电润湿以 1 kHz 信号实现液滴分裂。在介电泳的单次工作周期内，细胞能够被浓缩至原来的 1/1.6。

Valley 等[52]设计了一种基于光学方法分选并操控细胞的方法。该平台由光电润湿设备和光电镊构成，分别控制离散液滴和微球，如图 5.10 所示，（a）图为以光电润湿的方式运行的设备图。入射光与光电导 a-Si:H 层相互作用，并使电

场局部集中在薄的 Al_2O_3 和 Teflon 介电层上，导致附近的水滴向光图案移动，使得液滴内的颗粒与液滴一起运输。（b）图为以光电镊方式运行的设备图。在这种方式下，电绝缘的 Al_2O_3 和 Teflon 层被短路，电场集中在液体/液滴层中。因此，在入射光能附近时，液滴内的微球经受介电泳力从而被驱动。利用这种方法能够分选出液滴里单个的 HeLa 细胞，并将其包裹起来。由于电极是使用图案化的光创建的，因此该技术无须使用光刻机光刻微电极阵列，器件制造仅需要平面沉积，且可在设备表面上的任何位置进行粒子/液滴操纵，进行完整的二维单粒子控制。

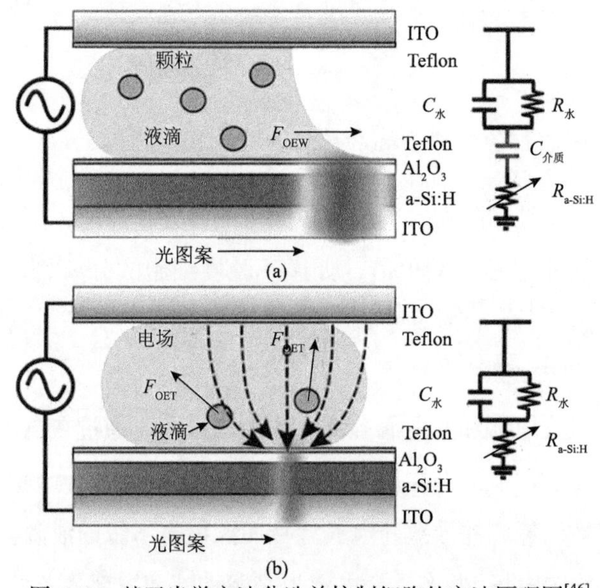

图 5.10　基于光学方法分选并控制细胞的方法原理图[46]

Kumar 等[53]利用 DMF 芯片技术在单细胞分辨率下对单个原生质体进行分析。如图 5.11 所示，他们用磁性颗粒标记原生质体，并固定在 DMF 芯片上，通过具有不同渗透条件的液滴运输到捕获细胞的位置，并用外部数码相机同时监控体积，然后进行图像分析。优化磁珠浓度后，这种方法能够有效用于原生质体的分离。这项工作说明了该系统可用于自动化对非黏附细胞进行单细胞研究。

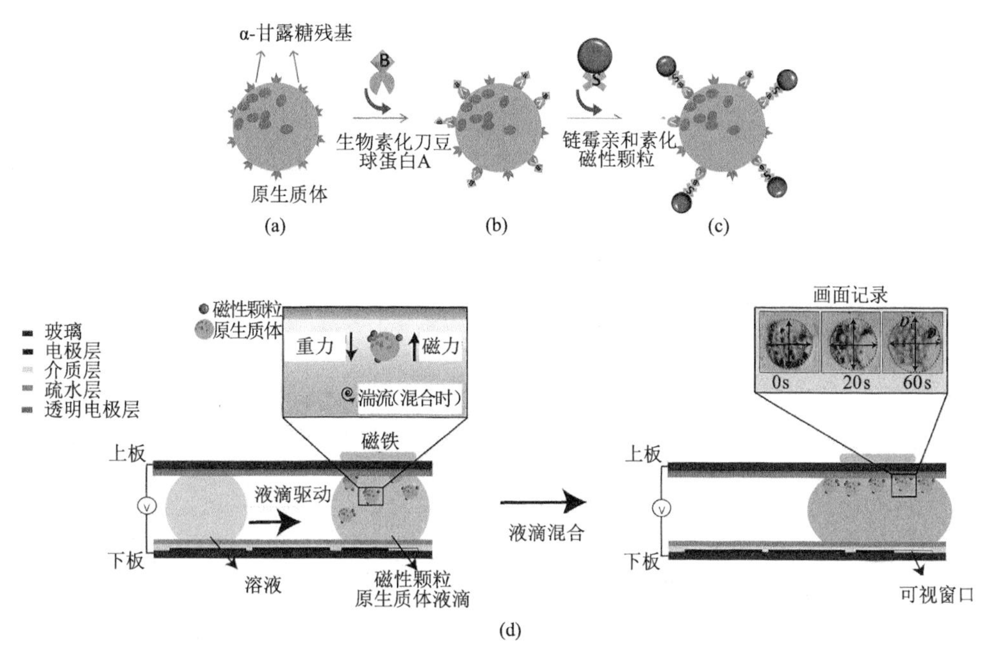

图 5.11　数字微流控芯片技术对单个原生质体进行分析的原理图[53]

5.2　数字微流控在化学中的应用

由于数字微流控具有上样体积小、独立液滴反应可控、可实时监测等优点，且易于与多种传统分析方法集成，其在化学领域发展了大量应用。本节从基于数字微流控的化学分析和化学合成两方面展开讨论。

5.2.1　基于数字微流控的化学分析

常用的化学分析仪器如质谱、色谱、核磁共振波谱(nuclear magnetic resonance spectroscopy，NMR)等拥有强大的分析性能，而数字微流控具有强大的前处理功能和实时控制功能，因此，将数字微流控与这些仪器联用从而进行分析可进一步强化分析性能，减少样品消耗量，并可进行实时监控，是近年来较为热门的化学分析新手段。

在化学分析过程中经常遇到样品浓度过低需要进行浓缩的前处理问题。固相微萃取（solid phase micro-extraction，SPME）技术可以快速定量地将待分析物从大体积液体提取到小体积中，并易于与其他分析方法兼容。SPME 常与高效液相色谱（high performance liquid chromatography，HPLC）相集成，为了减少人工操作，需要一个专业的接口来实现 SPME 与 HPLC 的自动关联。为了解决这个接口问题，Choi 等[54]将数字微流控作为 SPME 与 HPLC 整合的接口，如图 5.12（a）所示。首先将分析物加到 SPME 纤维涂层上，然后将 SPME 纤维插入数字微流控装置上的两个板之间。通过驱动液滴到纤维上，重新溶解分析物并将其从纤维涂层中除去。最后，将浓缩的分析物手动或自动加载到 HPLC 上用于后续分析。他们运用 SPME-DMF-HPLC 系统以及质谱对尿液中合成代谢雄激素和雌激素进行了定量分析。

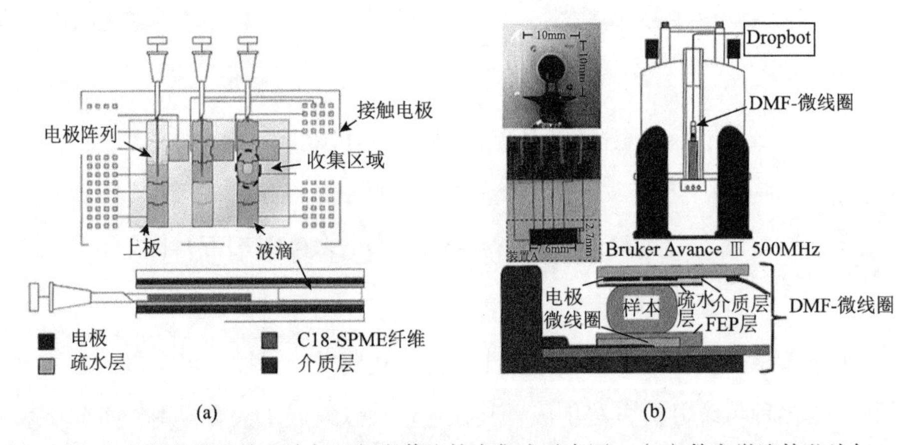

图 5.12　（a）数字微流控芯片与固相微萃取技术集成示意图；（b）数字微流控芯片与核磁集成示意图

核磁共振波谱技术是对化学成分和结构进行定性定量分析的最强有力的工具之一。而将数字微流控与核磁共振波谱技术相结合，则能够大大拓展数字微流控的应用范围。Lei 等[55]在 2014 年首次提出这一理念，在数字微流控芯片上集成了一个低场（0.46 T）磁弛豫仪，检测了分布在其中的铁颗粒聚集时的水滴的 T_2 弛豫时间变化。该设备是便携式核磁共振分析的第一步，但弱磁场不可避免地会带来灵敏度低等问题。因此，Swyer 等[56]将数字微流控芯片置于高场核磁共振波谱仪中，通过电缆连接到外面的控制系统上，从而远程控制芯片中的液滴，如图 5.12（b）所示。他们还在芯片上设计了微线圈结构，从而大大提高了核磁的灵敏度，并观察到木糖-硼酸盐反应等过程。此后，Swyer 等[57]又在此基础上将单板芯片升级为双板，进一步增强了液滴控制的功能，并测定了反应产物的扩散系数及简单的反应定量检测。Wu 等[58]继续推进了该集成系统在有机反应实时监测上的研究。他们在芯片上采集了碳酸环己烯酯水解反应的时间谱图，结果显示在混合发生 15 s 后开始出现产物峰。该集成系统不仅节省了样品和试剂的体积，并且可实时监控快速有机反应，从而计算反应速率，有助于实时研究合成结构和反应动力学。

5.2.2　基于数字微流控的化学合成

与基于微通道的形式相比，数字微流控更适用于微尺度的化学合成，因为它可以精准处理包含样品的离散液滴，从而增加反应的多样性和可控性，并且无死体积，节省试剂。Jebrail 等[59]在数字微流控上首次用双平板芯片进行多步化学合成来合成多肽大环。如图 5.13（a）所示，他们通过 10 个储液槽和 88 个驱动电极实现了液滴的生成与混合等过程，可处理不同的试剂和 30 个反应步骤，能够同时形成 5 种产物。该平台实现了由氨基酸、氮杂环丁醛和叔丁基异氰酸酯三种组分构成的多肽大环的合成，未来有望同时合成数百种产物，将简化空间可寻址晶体多肽大环的合成。

此外，Keng 等[60]在数字微流控上合成了 2-[^{18}F]氟-2-脱氧-D-葡萄糖（2-[^{18}F]fluoro-2- deoxy-D-glucose，[^{18}F]FDG），这是正电子发射型计算机断层显像成像技术中最常见的一种放射性示踪剂[图 5.13（b）]，具有高度可靠的放射性氟化效率。他们设计了一个由四个同心加热环组成的反应区域，使得该装置可以具有多种功能，包括焦耳加热、热力学温度传感和输送液滴。该示踪剂在数字微流控芯片上合成后，可成功用于带有淋巴瘤异种移植物的小鼠 PET 成像，并通过了典型质量控制要求，如放射化学纯度、残留溶剂、化学纯度、酸碱度等。通过该平台合成此示踪剂，可有效减少合成试剂用量，缩短反应所需时间，降低生产成本。

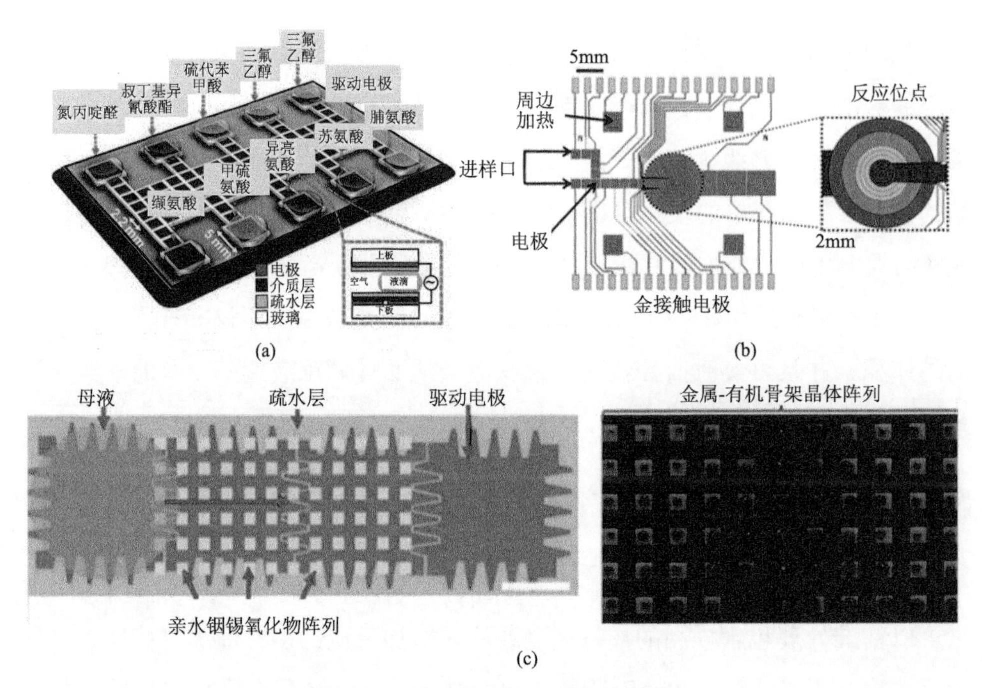

图 5.13　数字微流控上的化学合成

（a）数字微流控用于同步合成氮丙啶开环肽产物；（b）数字微流控用于合成放射性示踪剂；（c）数字微流控上合成单金属-有机骨架晶体阵列

Witters 等[61]在数字微流控上高通量地合成了单分散的金属-有机骨架（metal-organic framework，MOF）晶体。他们首先生成 HKUST-1 前驱体母液滴，然后在 ITO 上板的亲水阵列上拖动，由于相对于周围疏水区域的润湿性，即可在亲水阵列上印上 HKUST-1 [$Cu_3(BTC)_2$]晶体[图 5.13(c)]。该方法可以灵活地合成高通量的 MOF 晶体，并且不需要任何复杂且昂贵的设备。未来有望使用该方法对 MOF 晶体进行多功能修饰以及单晶体级别的研究。

5.3　数字微流控技术应用总结与展望

正是由于数字微流控具有全自动化、程序化、试剂体积小、反应时间短、隔绝污染、设计简单等特点，近年来，其在上述免疫分析、核酸分析、蛋白分析、细胞、化学等领域都有着广泛的应用。我们将数字微流控的应用分为实用型和研究型两大类，则不难发现，目前，数字微流控的发展趋势正朝着两大方向前进：

便携集成式设备，可用于即时检测，走进千家万户[62]；研究集成式设备，可助力于各个研究领域，成为有力工具[63]。对于实用型应用，基于对样品前处理、检测信号输出、用户友好的要求，数字微流控技术未来还需在这几方面继续发展，包括兼容多种样品的前处理方法、集成多种信号输出方式以及更加自动化的“样品-结果”流程等。对于研究型应用，则需要数字微流控技术的功能更加精准精确，特别在对单个细胞等微小生物的操纵上，以便于有针对性地进行研究。

参 考 文 献

[1] Srinivasan V, Pamula V K, Fair R B. Droplet-based microfluidic lab-on-a-chip for glucose detection. Analytica Chimica Acta, 2004, 507 (1): 145-150.

[2] Vivienne N L, Mo G C, Wheeler A R. Pluronic additives: a solution to sticky problems in digital microfluidics. Langmuir, 2008, 24: 6382-6389.

[3] Au S H, Kumar P, Wheeler A R. A new angle on pluronic additives: advancing droplets and understanding in digital microfluidics. Langmuir, 2011, 27 (13): 8586-8594.

[4] Yang H, Luk V N, Abelgawad M, et al. A world-to-chip interface for digital microfluidics. Analytical Chemistry, 2009, 81: 1061-1067.

[5] Miller E M, Ng A H, Uddayasankar U, et al. A digital microfluidic approach to heterogeneous immunoassays. Analytical and Bioanalytical Chemistry, 2011, 399 (1): 337-345.

[6] Sista R S, Eckhardt A E, Srinivasan V, et al. Heterogeneous immunoassays using magnetic beads on a digital microfluidic platform. Lab on a Chip, 2008, 8 (12): 2188-3196.

[7] Sista R, Hua Z, Thwar P, et al. Development of a digital microfluidic platform for point of care testing. Lab on a Chip, 2008, 8 (12): 2091-2104.

[8] Choi K, Ng A H, Fobel R, et al. Automated digital microfluidic platform for magnetic-particle-based immunoassays with optimization by design of experiments.Analytical Chemistry, 2013, 85 (20): 9638-9646.

[9] Shamsi M H, Choi K, Ng A H, et al. A digital microfluidic electrochemical immunoassay. Lab on a Chip, 2014, 14 (3): 547-554.

[10] Wang Y, Ruan Q, Lei Z C, et al. Highly sensitive and automated surface enhanced raman scattering-based immunoassay for H5N1 detection with digital microfluidics. Analytical Chemistry, 2018, 90(8): 5224-5231.

[11] Hung P Y, Jiang P S, Lee E F, et al. Genomic DNA extraction from whole blood using a digital microfluidic (DMF) platform with magnetic beads. Microsystem Technologies, 2015, 23 (2): 313-320.

[12] Wulff-Burchfield E, Schell W A, Eckhardt A E, et al. Microfluidic platform versus conventional real-time polymerase chain reaction for the detection of Mycoplasma pneumoniae in respiratory specimens. Diagnostic Microbiology and Infectious Disease, 2010, 67 (1): 22-29.

[13] Berthier J. Micro-Drops and Digital Microfluidics. William Andrew Publishing, 2012.
[14] Chang Y H, Lee G B, Huang F C, et al. Integrated polymerase chain reaction chips utilizing digital microfluidics. Biomedical Microdevices, 2006, 8 (3): 215-225.
[15] Norian H, Field R M, Kymissis I, et al. An integrated CMOS quantitative-polymerase-chain-reaction lab-on-chip for point-of-care diagnostics. Lab on a Chip, 2014, 14 (20): 4076-4084.
[16] Yehezkel T B, Rival A, Raz O, et al. Synthesis and cell-free cloning of DNA libraries using programmable microfluidics. Nucleic Acids Research, 2016, 44 (4): e35.
[17] Quan J, Saaem I, Tang N, et al. Parallel on-chip gene synthesis and application to optimization of protein expression. Nature Biotechnology, 2011, 29 (5): 449-452.
[18] Tian J, Ma K, Saaem I. Advancing high-throughput gene synthesis technology. Molecular BioSystems, 2009, 5 (7): 714-722.
[19] Zhou X, Cai S, Hong A, et al. Microfluidic PicoArray synthesis of oligodeoxynucleotides and simultaneous assembling of multiple DNA sequences. Nucleic Acids Research, 2004, 32 (18): 5409-5417.
[20] Coelho B J, Veigas B, Aguas H, et al. A digital microfluidics platform for loop-mediated isothermal amplification detection. Sensors, 2017, 17 (11): 2616.
[21] Wan L, Chen T, Gao J, et al. A digital microfluidic system for loop-mediated isothermal amplification and sequence specific pathogen detection. Scientific Reports, 2017, 7 (1): 1-11.
[22] Hadwen B, Broder G R, Morganti D, et al. Programmable large area digital microfluidic array with integrated droplet sensing for bioassays. Lab on a Chip, 2012, 12 (18): 3305-3313.
[23] Kalsi S, Valiadi M, Tsaloglou M N, et al. Rapid and sensitive detection of antibiotic resistance on a programmable digital microfluidic platform. Lab on a Chip, 2015, 15 (14): 3065-3075.
[24] Welch E R, Lin Y Y, Madison A, et al. Picoliter DNA sequencing chemistry on an electrowetting-based digital microfluidic platform. Biotechnology Journal, 2011, 6 (2): 165-176.
[25] Zou F, Ruan Q, Lin X, et al. Rapid, real-time chemiluminescent detection of DNA mutation based on digital microfluidics and pyrosequencing. Biosensors & Bioelectronics, 2019, 126: 551-557.
[26] Kim H, Bartsch M S, Renzi R F, et al. Automated digital microfluidic sample preparation for next-generation DNA sequencing. Journal of Laboratory Automation, 2011, 16 (6): 405-414.
[27] Kim H, Jebrail M J, Sinha A, et al. A microfluidic DNA library preparation platform for next-generation sequencing. PLOS One, 2013, 8 (7): e68988.
[28] Taniguchi T, Torii T, Higuchi T. Chemical reactions in microdroplets by electrostatic manipulation of droplets in liquid media. Lab on a Chip, 2002, 2 (1): 19-23.
[29] Nichols K P, Gardeniers J G E. A digital microfluidic system for the investigation of pre-steady-state enzyme kinetics using rapid quenching with MALDI-TOF mass spectrometry. Analytical Chemistry, 2007, 79 (22): 8699-8704.
[30] Miller E M, Wheeler A R. A digital microfluidic approach to homogeneous enzyme assays. Analytical Chemistry, 2008, 80(5): 1614-1619.
[31] Sista R S, Eckhardt A E, Wang T, et al. Digital microfluidic platform for multiplexing enzyme assays: implications for lysosomal storage disease screening in newborns. Clinical Chemistry,

2011, 57 (10): 1444-1451.
[32] Vergauwe N, Witters D, Atalay Y T, et al. Controlling droplet size variability of a digital lab-on-a-chip for improved bio-assay performance. Microfluidics and Nanofluidics, 2011, 11 (1): 25-34.
[33] Wheeler A R, Moon H, Kim C J C, et al. Electrowetting-Based microfluidics for analysis of peptides and proteins by matrix-assisted laser desorption/ionization mass spectrometry. Analytical Chemistry, 2004, 76 (16): 4833-4838.
[34] Wheeler A R, Moon H, Bird C A, et al. Digital microfluidics with in-line sample purification for proteomics analyses with MALDI-MS. Analytical Chemistry, 2005, 77 (2): 534-540.
[35] Jebrail M J, Wheeler A R. Digital microfluidic method for protein extraction by precipitation. Analytical Chemistry, 2009, 81 (1): 330-335.
[36] Luk V N, Wheeler A R. A digital microfluidic approach to proteomic sample processing. Analytical Chemistry, 2009, 81 (11): 4524-4530.
[37] Chatterjee D, Ytterberg A J, Son S U, et al. Integration of protein processing steps on a droplet microfluidics platform for MALDI-MS analysis. Analytical Chemistry, 2010, 82 (5): 2095-2101.
[38] Nelson W C, Peng I, Lee G A, et al. Incubated protein reduction and digestion on an electrowetting-on-dielectric digital microfluidic chip for MALDI-MS. Analytical Chemistry, 2010, 82 (23): 9932-9937.
[39] Luk V N, Fiddes L K, Luk V M, et al. Digital microfluidic hydrogel microreactors for proteomics. Proteomics, 2012, 12 (9): 1310-1318.
[40] Aijian A P, Chatterjee D, Garrell R L. Fluorinated liquid-enabled protein handling and surfactant-aided crystallization for fully in situ digital microfluidic MALDI-MS analysis. Lab on a Chip, 2012, 12 (14): 2552-2559.
[41] Au S H, Shih S C, Wheeler A R. Integrated microbioreactor for culture and analysis of bacteria, algae and yeast. Biomed Microdevices, 2011, 13 (1): 41-50.
[42] Shih S C, Gach P C, Sustarich J, et al. A droplet-to-digital (D2D) microfluidic device for single cell assays. Lab on a Chip, 2015, 15 (1): 225-236.
[43] Eydelnant I A, Uddayasankar U, Li B, et al. Virtual microwells for digital microfluidic reagent dispensing and cell culture. Lab on a Chip, 2012, 12 (4): 750-757.
[44] Bogojevic D, Chamberlain M D, Barbulovic-Nad I, et al. A digital microfluidic method for multiplexed cell-based apoptosis assays. Lab on a Chip, 2012, 12 (3): 627-634.
[45] Fiddes L K, Luk V N, Au S H, et al. Hydrogel discs for digital microfluidics. Biomicrofluidics 2012, 6 (1): 14112-1411211.
[46] George S M, Moon H. Digital microfluidic three-dimensional cell culture and chemical screening platform using alginate hydrogels. Biomicrofluidics, 2015, 9 (2): 024116.
[47] Chiang M Y, Hsu Y W, Hsieh H Y, et al. Constructing 3D heterogeneous hydrogels from electrically manipulated prepolymer droplets and crosslinked microgels. Science Advances, 2016, 2 (10): e1600964.
[48] Lin B K, McFaul S M, Jin C, et al. Highly selective biomechanical separation of cancer cells

from leukocytes using microfluidic ratchets and hydrodynamic concentrator. Biomicrofluidics, 2013, 7 (3): 34114.

[49] Hou H W, Bhagat A A, Chong A G, et al. Deformability based cell margination—a simple microfluidic design for malaria-infected erythrocyte separation. Lab on a Chip, 2010, 10 (19): 2605-2613.

[50] Darling E M, Di Carlo D. High-Throughput assessment of cellular mechanical properties. Annual Review of Biomedical Engineering, 2015, 17: 35-62.

[51] Fan S K, Huang P W, Wang T T, et al. Cross-scale electric manipulations of cells and droplets by frequency-modulated dielectrophoresis and electrowetting. Lab on a Chip, 2008, 8 (8): 1325-1331.

[52] Valley J K, Pei S N, Jamshidi A, et al. A unified platform for optoelectrowetting and optoelectronic tweezers. Lab on a Chip, 2011, 11 (7): 1292-1297.

[53] Kumar P T, Toffalini F, Witters D, et al. Digital microfluidic chip technology for water permeability measurements on single isolated plant protoplasts. Sensors and Actuators B: Chemical, 2014, 199: 479-487.

[54] Choi K, Boyaci E, Kim J, et al. A digital microfluidic interface between solid-phase microextraction and liquid chromatography-mass spectrometry. Journal of Chromatography A, 2016, 1444: 1-7.

[55] Lei K M, Mak P I, Law M K, et al. NMR-DMF: a modular nuclear magnetic resonance-digital microfluidics system for biological assays. Analyst, 2014, 139 (23): 6204-6213.

[56] Swyer I, Soong R, Dryden M D, et al. Interfacing digital microfluidics with high-field nuclear magnetic resonance spectroscopy. Lab on a Chip, 2016, 16 (22): 4424-4435.

[57] Swyer I, von der Ecken S, Wu B, et al. Digital microfluidics and nuclear magnetic resonance spectroscopy for *in situ* diffusion measurements and reaction monitoring. Lab on a Chip, 2019, 19 (4): 641-653.

[58] Wu B, von der Ecken S, Swyer I, et al. Rapid chemical reaction monitoring by digital microfluidics-NMR: proof of principle towards an automated synthetic discovery platform. Angewandte Chemie International Edition, 2019, 58(43): 15372-15376.

[59] Jebrail M J, Ng A H, Rai V, et al. Synchronized synthesis of peptide-based macrocycles by digital microfluidics. Angewandte Chemie International Edition, 2010, 49 (46): 8625-8629.

[60] Keng P Y, Chen S, Ding H, et al. Micro-chemical synthesis of molecular probes on an electronic microfluidic device. Proceedings of the National Academy of Sciences of the United States of America, 2012, 109 (3): 690-695.

[61] Witters D, Vergauwe N, Ameloot R, et al. Digital microfluidic high-throughput printing of single metal-organic framework crystals. Advanced Materials, 2012, 24 (10): 1316-1320.

[62] Ng A H C, Fobel R, Fobel C, et al. A digital microfluidic system for serological immunoassays in remote settings. Science Translational Medicine, 2018, 10 (438): 6076.

[63] Sinha H, Quach A B V, Vo P Q N, et al. An automated microfluidic gene-editing platform for deciphering cancer genes. Lab on a Chip, 2018, 18 (15): 2300-2312.